乳中活性因子与人体健康系列丛书

乳中活性因子与人体健康

——α-乳白蛋白

◎孟璐 郑楠 主编

中国农业科学技术出版社

图书在版编目（CIP）数据

乳中活性因子与人体健康．α－乳白蛋白 / 孟璐，郑楠主编．-- 北京：中国农业科学技术出版社，2024.11

ISBN 978-7-5116-6486-0

Ⅰ．①乳…　Ⅱ．①孟… ②郑…　Ⅲ．蛋白质—关系—健康—研究　Ⅳ．① Q592.6 ② R16

中国国家版本馆 CIP 数据核字（2023）第 203699 号

责任编辑　金　迪
责任校对　李向荣
责任印制　姜义伟　王思文

出 版 者　中国农业科学技术出版社
北京市中关村南大街 12 号　邮编：100081
电　　话　（010）82106625（编辑室）（010）82106624（发行部）
（010）82109709（读者服务部）
网　　址　https://castp.caas.cn
经 销 者　各地新华书店
印 刷 者　北京建宏印刷有限公司
开　　本　170 mm × 240 mm　1/16
印　　张　5.125　　折页 1
字　　数　86 千字
版　　次　2024 年 11 月第 1 版　2024 年 11 月第 1 次印刷
定　　价　36.00 元

乳中活性因子与人体健康——α-乳白蛋白

编 委 会

主　编　孟　璐　郑　楠

副主编　赵艳坤　刘慧敏　张养东　赵圣国　苏莹莹

参　编（按照姓氏拼音排序）

王丽芳　叶巧燕　任广旭　汲中元

苏传友　李爱军　李新科　杨永新

吴　林　吴　杰　陈　贺　贤　歌

和晓兰　周振峰　屈雪寅　高亚男

郭同军　韩荣伟　蒙小刚　臧长江

序　言

奶，常被称为“自然界最接近完美的食物”，不仅在传统上被视为营养的源泉，更因其丰富的活性成分而备受关注。在当今大健康时代，我们对奶的理解已超越了对其基本营养功能的认识，深入到了它所包含的各种活性营养成分及其对人体健康的深远影响。

奶中含有多种活性因子，这些成分不仅提供基础营养，还具有重要的生物功能。例如抗菌、抗炎、抗病毒和免疫调节功能，还有促进细胞生长和修复，促进大脑、骨骼、肠道等器官发育等作用。

近年来，学者们对奶中的活性因子进行了大量研究，这些研究揭示了奶中活性因子的多种健康益处和潜在机制。奶中的活性营养成分共同作用，为人体提供了全面、均衡的营养，同时在促进健康、预防疾病方面展现了多种生物功能。深入研究奶中的活性营养成分，不仅有助于我们更好地理解奶的营养价值，还能为奶制品的开发和应用提供科学依据，最终为人类健康带来更多福祉。

在《乳中活性因子与人体健康系列丛书》中，我们将系统探讨奶中的主要活性营养成分及其生物功能，揭示这“自然界最接近完美的食物”内在的科学奥秘，期望为读者提供全新的视角和深入的理解。旨在帮助读者掌握科学的饮食知识，合理地将奶制品融入日常饮食中。通过这套书，读者不仅可以提升对奶制品的认识，还能学会如何在生活中更好地利用这些营养成分，以提高自己的生活质量和健康水平。我们真诚地希望，这套书能够成为广大读者的健康指南，带给大家更加美好和健康的生活。

前　言

α－乳白蛋白（α－lactalbumin，α－LA）是一种由哺乳动物（人、羊、牛、骆驼、鼠等）乳腺分泌的分子量为 14.2 kDa 的小分子酸性球状蛋白，等电点为 4~5，是乳清中含量丰富的活性蛋白。大多数 α－乳白蛋白，包括人、豚鼠、牛、山羊、骆驼、马和兔蛋白，由 123 个氨基酸残基组成。α－乳白蛋白的浓度因不同的物种、地区和哺乳阶段而异。α－乳白蛋白是婴儿生物活性肽和必需氨基酸的重要来源，包括色氨酸、赖氨酸、支链氨基酸和含硫氨基酸，并刺激生长因子或激素的分泌，所有这些都对婴儿早期营养和器官的生长发育至关重要。同样，α－乳白蛋白作为色氨酸和亮氨酸的丰富来源，可能是优化睡眠和肌肉蛋白质合成的理想蛋白质。

针对 α－乳白蛋白的高生物活性和多重生理功能特点，本书重点介绍 α－乳白蛋白的生物学特性、检测方法、生物功能以及应用，旨在为 α－乳白蛋白活性功能探究及 α－乳白蛋白富集产品产业化，特别是婴幼儿乳品，提出新思路。

由于作者水平有限，书籍中疏漏之处在所难免，敬请读者批评指正。

目录

1 乳中 α-乳白蛋白的生物学特性

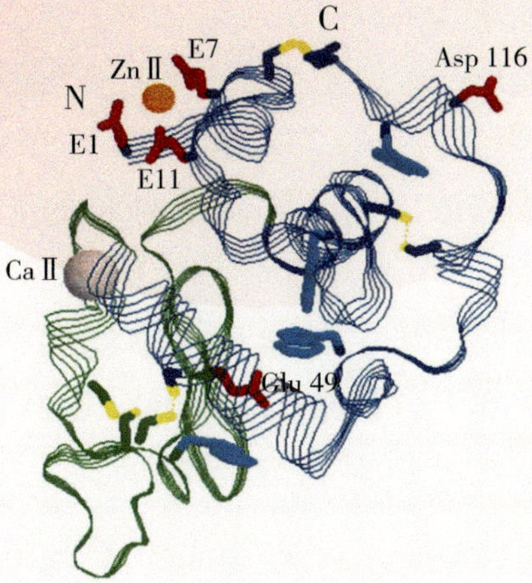

1.1 乳中 α-乳白蛋白的分布

乳中蛋白质的种类多，含量丰富，分布广泛。乳蛋白主要有酪蛋白、乳清蛋白和少量的乳脂肪球膜蛋白。去除酪蛋白后，剩余几乎都为乳清蛋白，乳清蛋白占初乳总蛋白的 70% ～ 80%，泌乳一周后逐渐下降到 50% ～ 60%，主要包括 β-乳球蛋白、α-乳白蛋白（α-LA）、清蛋白、免疫球蛋白和乳铁蛋白等。其中 α-LA 是一种由哺乳动物（人、羊、牛、骆驼、鼠等）乳腺分泌的分子量为 14.2 kDa 的小分子酸性球状蛋白，等电点为 4 ～ 5，是乳清中含量丰富的活性蛋白。早在 1970 年，Brew 等就发现牛的 α-LA 在氨基酸序列上与鸡蛋清溶菌酶具有很大的相似性并建立了牛的 α-LA 完整氨基酸序列（Brew et al., 1970）。

牛乳中 α-LA 的含量为 0.93 ～ 1.95 g/L，牦牛乳中 α-LA 的含量为 0.2 ～ 1.7 g/L，驴乳中 α-LA 的含量为 1.8 ～ 1.9 g/L，骆驼乳中 α-LA 的含量为 0.8 ～ 10.97 g/L，山羊乳中 α-LA 的含量为 0.7 ～ 28 g/L，绵羊乳中 α-LA 的含量为 1 ～ 1.9 g/L，水牛乳中 α-LA 的含量为 1.4 ～ 7.96 g/L，马乳中 α-LA 的含量为 2.37 g/L，人乳中 α-LA 的含量为 1.9 ～ 4.2 g/L，详见表 1.1。α-LA 的浓度因不同的物种、地区和哺乳阶段而异。在骆驼乳中，泌乳第 1 天 α-LA 含量最高（10.97±0.24）g/L，随着泌乳天数的增加，α-LA 整体呈现下降趋势（姚怀兵等，2024）。MERIN 等同样也发现在泌乳的第 330 天含量最低为（1.14±0.14）g/L；其中处于 90 ～ 240 天时，驼乳中 α-LA 相对稳定，含量在 3.36 g/L，随后逐渐降低（MERIN 等，2001）。在母乳中，α-LA 的浓度在分娩后的前两周保持较高（>4.2 mg/mL）（Lönnerdal 等，2017），并在第一个月逐渐下降到稳定水平（Zhang 等，2021）。在山羊乳中，初乳 α-LA 的含量（2.77±0.82）g/L，随后缓慢下降（Levieux 等，2002）。

表 1.1 不同畜种乳及人乳中 α－乳白蛋白的含量

畜种	泌乳期	含量（g/L）	参考文献
牛	—	1.20	Živkov Baloš 等，2023
	—	0.93	田兰等，2013
	整个泌乳期	1.52 ～ 1.95	韩静雯等，2022
	—	1.45±0.032	马露，2014
	常乳	1.2 ～ 1.3	Claeys 等，2014
	—	1.0 ～ 1.5	王云娜，2023
牦牛	泌乳中期	0.3	董爱军等，2012
	常乳	0.2 ～ 1.7	Claeys 等，2014
	—	1.47±0.038	马露，2014
驴	—	1.80	Živkov Baloš 等，2023
	常乳	1.9	Claeys 等，2014
骆驼	初乳	6.76±1.80	姚怀兵等，2024
	常乳	2.79±0.72	
	整个泌乳期	1.14 ～ 10.97	
	常乳	0.8 ～ 3.5	Claeys 等，2014
	初乳	2.2±0.7	El–Hatmi 等，2006
山羊	—	6.0	Živkov Baloš 等，2023
	常乳	28±0.056	马露，2014
	常乳	0.7 ～ 2.3	Claeys 等，2014
	初乳	2.77	LEVIEUX 等，2002
绵羊	常乳	1 ～ 1.9	Claeys 等，2014
水牛	—	7.96±0.156	马露，2014
	常乳	1.4	Claeys 等，2014
马	常乳	2.37	Claeys 等，2014
人	—	1.9 ～ 2.6	Živkov Baloš 等，2023
	初乳	4.2	Lönnerdal 等，2017
	常乳	1.9 ～ 3.4	Claeys 等，2014

α-LA 的氨基酸组成中必需氨基酸含量高，色氨酸、赖氨酸、半胱氨酸和支链氨基酸（BCAAs）如亮氨酸、异亮氨酸和缬氨酸含量相对丰富。由于其独特的氨基酸分布，α－乳白蛋白具有多种用途：①作为婴幼儿配方奶粉的一种成分，使其更类似于母乳；②作为一种补充剂，促进胃肠道健康或调节包括睡眠和抑郁在内的神经功能；以及作为一种治疗剂，用于治疗条件或疾病，如石棺减少症、情绪障碍、癫痫和癌症（Layman 等，2018）。在人乳中，α-LA 是乳清中的主要蛋白质，其次是乳铁蛋白和免疫球蛋白；而在牛乳中，乳清中主要蛋白质是 β－乳球蛋白，其次是 α-LA 和免疫球蛋白。α-LA 在牛奶生产中起着重要的作用。它在乳腺上皮细胞中产生，与酶 β-1,4- 半乳糖基转移酶结合形成乳糖合成酶，将葡萄糖和半乳糖转化为乳糖。乳糖的合成被认为是牛奶生产的关键，它会产生一种渗透力，将水吸进乳腺，并推动牛奶的总产量。人和牛的 a-LA 具有相似的氨基酸组成，具有 74% 的序列同源性和相似的生物活性。α-LA 是牛源乳清蛋白浓缩物和乳清分离蛋白中含量第二丰富的蛋白质，可通过过滤方法获得富含 α-LA 的乳清蛋白浓缩物并在商业上可用。α-LA 制剂具有与乳清分离蛋白相似的物理性质和食物系统行为，包括高质量蛋白质、改善食物的风味特征、在广泛的 pH 值范围（2.0 ～ 9.0）内具有的高水溶性以及热稳定性，使其能够兼容用于饮料。

1.2　乳中 α－乳白蛋白的结构

Permyakovea 等（2000）报道 α-LA 是一种小分子（Mr 14200）、酸性（等电点 4 ～ 5）和钙离子结合的乳蛋白，从多个角度来看都是非常重要的。第一，α-LA 在乳腺分泌细胞中发挥着重要作用：它是乳糖合成酶的两个组成部分之一，催化乳糖生物合成的最后一步。该系统的另一个组成部分是半乳糖转移酶（GT），它通过将半乳糖基从 UDP- 半乳糖转移到含有 N- 乙酰氨基葡萄糖的糖蛋白中，参与各种分泌细胞中蛋白质的加工。在哺乳期乳腺中，GT 的专一性受 α-LA 相互作用的调节，从而增加其对葡萄糖的专一性。第二，α-LA 只有一个很强的钙结合位点，因此它经常被用作一种简单的模型钙结合蛋白。钙结合效应对蛋白质与蛋白质、多肽、膜和低分子有机化合物相互作用的研究是非常方便的，这些物质往往具有生理意义。第三，α－LA 有几个部分折叠的中间态，这引起了许多研究人员对蛋白质折叠问题的极大兴趣。由于 α－LA 是典型的“熔融球状”，在酸性 pH 值和高温脱溶状态下，对中间熔融球状状态的性质和结构的研究非常有意义。第四，最近发现某些形式的 α－LA 可以诱导肿瘤细胞的凋亡，这表明该蛋白具有许多重要的生物学功能。

大多数 α－LA，包括人、豚鼠、牛、山羊、骆驼、马和兔蛋白，由 123 个氨基酸残基组成。只有大鼠的 α－LA 含有 17 个额外的 C－末端残基。α－LA 在序列上与溶菌酶家族同源，但其细胞裂解活性约为蛋清溶菌酶的 10^{-6} 倍。X 射线结晶学研究表明，α－LA 的三维结构与溶菌酶非常相似。天然 α－LA 由两个结构域组成：一个大的 α－螺旋结构域和一个小的 L－折叠结构域，它们通过钙结合环连接（图 1.1）。α－螺旋结构域由三个主要的 α－螺旋（残基 5 ～ 11、23 ～ 24 和 86 ～ 98）和两个短的 3_{10} 螺旋（残基 18 ～ 20 和 115 ～ 118）组成。小结构域由一系列环组成，一个小的三链反平行 L 折叠薄片（残基 41 ～ 44、47 ～ 50 和 55 ～ 56）和一个短的 3_{10} 螺旋（每轮三个残基和一个包含 10 个原子的链内氢键环；残基 77 ～ 80）。这两个领域之间存在着一条深深的沟。同时，这两个结构域通过残基 73 和 91 之间的半胱氨酸桥连接在一起，形成钙结合环。第二个重要的二硫键 61 ～ 77 也连接了这两个域。总体而言，α－LA 的结构由四个二硫键（6 ～ 120、61 ～ 77、73 ～ 91 和 28 ～ 111）稳定。

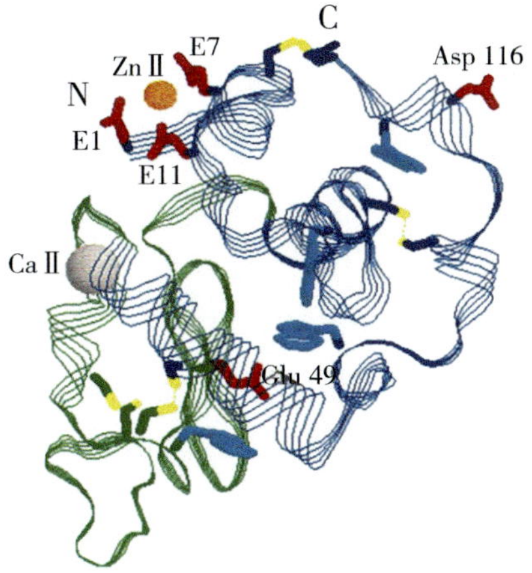

图 1.1　α－LA 结构

1.3 α-乳白蛋白阳离子结合部位

α-LA 最有趣的特征之一是可以结合金属阳离子。它不属于 EF-hand 蛋白家族，该蛋白质有一个单一的强钙结合位点，它是由三个天冬氨酸残基（82，87 和 88）的羧基和两个肽骨架（79 和 84）的羰基的氧配体在两个螺旋之间的环中形成的。该环比典型 EF-hand Ca^{2+} 结合结构域少两个残基。此外，一个或两个水分子参与直接配位钙离子。总体而言，氧配体形成了扭曲的五方双锥结构。最近，X 射线结晶学发现，人 α-LA 7.9Å 中存在一个远离主要强钙结合部位的二级钙结合部位。四个残基（Thr-38、Gln-39、Asp-83 和 Leu-81 的羰基氧）以四面体的方式参与该位点的钙离子配位。这个二级部位位于 α-LA 分子的表面附近。α-LA 也有几个锌结合部位，其中一个位于“裂解”区（即形成溶菌酶活性部位的区域）。在人的 α-LA 的 X 射线结构中，锌被夹在二聚体晶体单元细胞中对称相关亚基的 Glu-49 和 Glu-116（牛蛋白中的天冬氨酸）之间。这个部位被指定为人类 α-LA 中的强锌部位。以 Co（Ⅱ）为受体，Tb（多将Ⅲ）为给体，用荧光能量转移法测得牛 α-LA 中强锌和钙中心之间的分子内距离分别为 14 ～ 18 Å。这一距离与人类 α-LA X 射线结构中发现的距离（17.5A）很好地吻合。然而，最近对 α-LA 突变体的研究表明，溶液中强烈的锌结合部位与根据人类 α-LA X 射线结构推测的部位不一致，事实上，似乎位于蛋白质的 N 端附近：Glu-1 对甲硫氨酸残基的定点突变导致牛 α-LA 中强锌结合部位的消失。拟议的位点涉及 Glu-1、Glu7、Glu-11 和 Asp-37（图 1.1）。较强的钙离子结合部位与推测的 N- 末端锌离子结合部位之间的距离约为 14 Å，这与国标荧光能量转移数据相吻合。此外，有证据表明，α-LA 中的一些弱次级锌离子中心含有 His 残基。

钙与 α-LA 的结合引起结构和功能的显著变化，主要是三级结构。钙结合导致色氨酸荧光蓝移和 GB 荧光量子产率下降。时间分辨荧光测量表明，钙离子的诱导作用是由于所有释放色氨酸残基的环境的改变（牛 α-LA 中有 4 个，人 α-LA 中有 3 个）。显著的 GB 荧光变化可以作为钙离子结合常数的准确监测，通常不能通过直接的钙离子滴定来估算，但可以通过用强的钙离子螯合剂滴定负载钙离子的 α-LA 来更准确地计算。

金属离子的平衡结合常数和动力学结合常数。除钙外，α-LA 还能与其他生理活性阳离子如镁离子、锰离子、钠离子和钾离子结合，与钙离子竞争同一结合部位。它们在 α-LA 中引起类似的、尽管较小的结构变化。表 1.2 列出了这些阳离子的比较结合常数。所有这些阳离子似乎都与钙结合部位结合。在表 1.2 中，我们注意到镁的两个结合常数被列出，因为 α-LA 似乎具有这种阳离子的二级结合位点。镁离子、钠离子和钾离子的结合常数值很低，但考虑到它们在细胞内的浓度高，人们可以推测它们在体内可以成功地与钙离子竞争。与天然 α-LA 的 72 ～ 100 残基相对应的合成肽含有钙结合环，其 GB 端螺旋由 K 结构域的 86 ～ 98 残基和 L 结构域的 310 螺旋组成。如果用丙氨酸取代 Cys-73、Cys-77 和 Cys-91，则它与 Ca^{2+} 的结合非常弱（10^2 M^{-1}）。另外，Cys-73 和 Cys-91 之间的天然二价键的形成不会增加其在水中对 Ca^{2+} 的亲和力，但在 50% 三氟乙醇中却增加了它的亲和力。根据荧光停流法测量，在 10 ～ 40℃温度范围内，α-LA 与 Ca^{2+} 和 Mg^{2+} 形成的络合物的离解速率常数基本相同，在 0.006 ～ 1 s^{-1}。在该温度范围内，钙离子和镁离子的结合速率常数分别在 10^6 ～ 10^7 $M^{-1}s^{-1}$ 和 10^1 ～ 10^2 $M^{-1}s^{-1}$ 范围内。有趣的是，钙离子结合蛋白的结合速率常数几乎比扩散控制极限低 1 ～ 2 个数量级，这在钙结合蛋白中是相当罕见的。可能的原因之一是 α-LA 中连接钙结合环末端的 S-S 桥的存在。

表 1.2　金属离子与牛乳酸钾的表观结合常数

阳离子	结合常数（M^{-1}）	
	37℃	20℃
Ca^{2+}	2×10^7	3×10^8
Mn^{2+}		3×10^8
Mg^{2+}	211±20；46±10	2 000±100；200±20
Na^{2+}	36±10	100±10
K^{2+}	6±3	8±3

阳离子与强钙结合增加了 α-LA 的稳定性。从差示扫描量热仪

（DSC）数据来看，钙离子的结合使热转变向更高温度移动了40℃以上。镁离子、钠离子和钾离子的结合也增加了蛋白质的稳定性。离子与蛋白质结合越强，热转变越明显。令人惊讶的是，锌离子与钙离子负载的α-LA的结合降低了热稳定性，导致聚集，并增加了其对蛋白酶消化的敏感性。载钙α-LA的热转变发生在室温、高锌浓度下（锌与蛋白质摩尔比约为100）。结果还表明，在高 $[Zn^{2+}]$ 存在下，α-LA处于部分展开和部分聚集状态。在没有钙离子，但在有生理浓度的镁、钠和钾离子存在的情况下，α-LA的热转变发生在从30～45℃的区域。这可能与α-LA在乳腺的稳定性和温度调节功能有关。金属离子的结合也增加了α-LA在尿素或盐酸胍等变性剂作用下的稳定性。变性曲线的重要特征是在中等变性剂浓度时出现明显的中间熔融球状状态。值得注意的是，钙的结合稳定了α-LA在压力下的稳定性，正如发生变性的压力增加200 MPa所监测的那样。有趣的是，钙结合将钙结合环的压力稳定性提高到比整个α-LA二级结构的压力稳定性更高的程度。需要指出的是，α-LA的任何变性转变（温度、压力、变性剂浓度）都取决于金属离子的浓度（尤其是钙离子的浓度）。因此，在不指定金属离子含量（S）及其溶液浓度（S）的情况下，变性温度或尿素或盐酸胍的变性浓度等值对α-LA来说相对没有意义。最后，牛α-LA从6 M GuHCl变性状态的再折叠表明，蛋白质在四个二硫键完整的情况下折叠对应于蛋白质折叠的一种极限情况，在这种情况下，蛋白质折叠迅速坍塌为具有天然折叠的球状结构，随后寻找天然折叠的侧链接触，从而使其能够快速转化为紧密排列的天然结构。

自从开始研究α-LA的各种突变形式以来发现，野生型重组牛α-LA通过添加N-末端Met从牛奶分离的天然蛋白中分离出来，与天然蛋白相比，具有更多的色氨酸残基，更低的热稳定性和更低的钙含量。酶法去除N-末端Met可恢复α-LA的天然性质。总而言之，在无钙离子存在的情况下，重组野生型α-LA处于熔融球状状态。Delta-E1（或E1M）突变体，其中天然序列的Glu-1残基被遗传替换，在细菌表达后留下N-末端蛋氨酸在其位置，表现出几乎比牛奶分离的天然蛋白高一个数量级的钙密度和更高的热稳定性（无论是否有钙）。由于多种原因，α-LA

N－末端的单一突变引起了人们的兴趣。牛 α－LA 中带电的 Glu－1 位于蛋白质表面，对三级结构的形成（如盐桥、与某些蛋白质基团的氢键）没有明显的贡献。同时，作为带电基团，它有助于蛋白质中静电相互作用的平衡。此外，作为一种亲水性残基，它与水发生强烈的相互作用，因此它可能倾向于展开蛋白质结构。Met 在 N－末端的加入使情况变得更糟，使其转变为熔融的球状构象。Glu－1 的去除消除了这种趋势，这可能就是为什么突变蛋白变得更稳定的原因。可能牛 α－LA 中的 Glu－1 残基位于某个关键区，这使得蛋白质结构从高度刚性转变为熔融的球状结构。

α－LA 还与脂膜相互作用。Sephadex G－200 层析 α－LA 与 DMPC、DPPC 或卵磷脂小泡的混合物表明，很大一部分蛋白质与小泡结合，从而有可能随后研究该蛋白质在这种状态下的某些物理性质。囊泡结合的 α－LA 的本征 GB 荧光对两个热转变很敏感：第一个是脂泡的凝胶液晶转变，第二个是蛋白质的变性。GB 荧光的最大位置表明，在低温下，蛋白质与囊泡的结合增加了色氨酸的可及性。在蛋白质过渡期以上，色氨酸似乎与小泡的脱脂相有显著的相互作用。淬灭实验还表明，蛋白质－囊泡结合时，色氨酸的可及性增加。脂质体结合 α－LA 的热变性取决于蛋白质的金属结合状态。在 pH 值为 2 时，当蛋白质快速插入双层时，分离的囊泡 α－LA 复合体显示出明显的 GB 荧光热转变，与部分插入的具有某种程度的三级结构的蛋白质协同展开一致。这与酸态 α－LA 在溶液中的行为形成对比。这些结果提出了一个模型，在中性 pH 和生理温度下，随着色氨酸暴露在溶剂和外部猝灭剂中，伴随着色氨酸的增加，构象发生有限的扩张。α－LA 与高尔基体膜表面的半乳糖基转移酶相互作用，可能有助于阐明 α－LA 在体内的功能和机制。

初级钙离子结合位点的结构特征 Permyakovea 等（2016）。α－LA 是一种钙金属蛋白，根据 X－射线数据，α－LA 有一个强钙结合部位，它是由三个天冬氨酸残基（82，87 和 88）的羧基和两个肽骨架的羰基（Lys79 和 Asp84）的氧配体在两个螺旋之间的环中形成的。该环包含的残基比典型的 EF－手性钙结合结构域少两个残基，此外，还有一个或两个水分子参与直接协调钙离子。总体而言，氧配体形成了扭曲的五方双锥结构，其中金字塔的尖端是由羰基氧原子形成的，而羧基和水分子则大致相反。该

蛋白质贡献的 α–LA 中的五个钙配体来自一个相当紧的转弯上形成的环，类似于带有额外残基的 β－转弯，在连接两个螺旋的弯曲中起到“间隔体”的作用。Acharya 等（1991）将这种结构称为“肘部”。将 α–LA 中的钙结合环与蛋清溶菌酶的相应区域进行比较，结果表明两种蛋白的主链构象基本相同，而侧链却截然不同。红外光谱表明，在由 α–LA 的结合天冬氨酸残基组成的模型中，阳离子与所有三个天冬氨酸的 CoO– 基团配位，而在由 α－乳清蛋白的非结合天冬氨酸残基组成的模型络合物中，两个相邻的天冬氨酸侧链形成了桥联的钙结合体系。

2 乳中α-乳白蛋白的检测方法

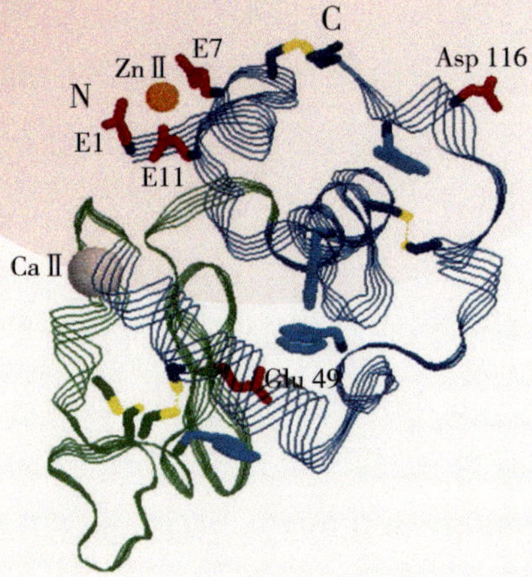

α-LA 常用的检测方法有电泳法、免疫法和色谱法等。其中电泳法包括十二烷基硫酸钠-聚丙烯酰胺凝胶电泳、毛细管电泳法，凝胶电泳已被广泛用于蛋白质的分离和分析，技术较为成熟，但该方法比较耗时；毛细管电泳法与传统的凝胶电泳相比具有许多优势，主要体现在前处理简单，仪器分离效果好，可以准确定量。免疫法主要包括酶联免疫吸附测定、表面等离子体共振、电化学免疫传感器、还有一部分使用光电电化学生物传感器，免疫法可以做到微量检测，方便快捷。色谱法应用较多的是反相液相色谱法和凝胶色谱法，主要根据 α-LA 是否变性来确定检测方法。

2.1 电泳法

电泳是带电粒子在电场中泳动的现象。根据工作原理可分为：聚丙烯酰胺凝胶电泳（PAGE）、毛细管电泳、移界电泳、区带电泳、等速电泳、等电聚焦电泳等。普适性最强的是 PAGE，一直以来被广泛应用于蛋白质的分离。它的定量原理是扫描染色后的蛋白质在凝胶上的着色度。它的缺点是操作步骤复杂，测定周期长，不同批次的染色剂和脱色剂很难保证每次都有相同的染色结果，所以重现性不好，只能半定量。十二烷基硫酸钠-聚丙烯酰胺凝胶电泳（SDS-PAGE）是蛋白质分析中最常用的方法，也是乳清蛋白研究中应用最广泛的方法。它是根据蛋白的分子量和电荷对蛋白进行分离。张杉等（2008）建立了测定乳清蛋白中 α-LA 和 β-乳球蛋白含量的方法，线性范围分别为 0.25 ～ 1.75 μg 和 0.16 ～ 1.44 μg，线性关系良好，相关系数分别为 0.9940 和 0.9912。SDS-PAGE 也是现行乳清蛋白国标检测方法，但该方法耗时、重现性差、操作烦琐。

毛细管电泳（CE）在 α-LA 的分离检测上应用较为广泛。毛细管电泳是以高压电场为驱动力，以毛细管为分离通道，根据样品各组分之间多种特性（电荷、大小、等电点、极性、亲和行为、分配特性等）的不同而实现分离目的的一类液相分离技术，具有高效、简单、经济、微量、自动化等优点。毛细管电泳分为毛细管区带电泳（CZE）和毛细管凝胶电泳（CGE）。与 PAGE 相同，CGE 分离蛋白依赖于不同相对分子质量的蛋白质在电场中迁移速度不同；与在液相色谱中一样，蛋白的检测是通过在线紫外吸收来完成，因为不需要染色和脱色，在蛋白的定量分析上更可靠。它的缺点是：在分离过程中，蛋白质容易在石英毛细管上造成吸附，影响分离效率，甚至堵塞毛细管柱。田兰等（2013）选择聚乙烯醇涂层毛细管，采用柠檬酸缓冲体系（pH 值为 3.0），在紫外检测波长 214 nm、分离电压 20 kV 条件下对乳及乳制品中的 α –LA 进行分离测定。线性良好，相关系数可大于 0.9978，加标回收率范围为 88.1% ～ 110.8%。毛细管电泳可以达到简单、快速、灵敏、重现性好的效果，未涂层的熔融石英毛细管为分离柱，在电压 30 kV，pH 值为 7.0 的磷酸盐缓冲液，毛细管温度 25 ℃，紫外检测波长 205 nm 的条件下，2 min 内可以实现 α –LA 的高效分离和高灵敏检测，检出限为 3 mg/L，线性范围为 10 ～ 250 mg/L（刘一等，2013）。为了提高次要蛋白的分辨率和消除主要蛋白的耗时沉淀和相关分析物共沉淀风险，在二维微芯片 – 毛细管电泳装置中采用多维策略分离芯片上的主要蛋白，并在毛细管电泳分离前富集次要蛋白用于紫外定量，在 18 min 内分离并测定了已知的婴儿配方奶粉中所有 5 种重要的功能蛋白，其中包括 α –LA，与传统的预处理相比，检测时间节省几个小时。对于 100 g 婴幼儿配方奶粉样品，该方法线性范围为 20 ～ 8 000 mg，重复性为 3.8% ～ 5.3%，检出限为 2.3 ～ 10 mg，均符合国家规定。通过 100% 的回收率和在预期范围内和标记值内的满意结果建立了方法的可靠性。该装置与毛细管电泳结合，可以进行现场操作、快速分析、快速出结果、无标记通用检测、进样前水溶解操作简单、迁移时间接近、峰形基线分辨率高等特点，使其成为检测含有干扰成分的蛋白质丰富样品中未知蛋白和已知微量蛋白的通用工具（Wu 等，2013）。α –LA 在生产加工过程会有不同程度的变性，热变性的 α –LA 在 pH 值为 4.6 时与酪蛋白共沉淀，采用毛细管电泳法可以测得变性的 α –LA 的含量，在样品处理阶段采用酸沉淀，取上清液进行毛细管电泳分析，可以检测到牛初乳、原料乳中 α –LA 的含量高于酸奶、UHT 牛乳、复原乳和乳粉（丁晓静等，2010）。

2.2 免疫化学法

径向免疫扩散（RID）、浊度免疫测定、免疫电泳和酶联免疫吸附测定（ELISA）技术通常用于牛奶中 α-LA 的测定。利用表面等离子体共振（SPR）检测的自动、无标签的基于生物传感器的 α-LA 免疫分析。α-LA 的含量是通过与固定在传感器表面的牛源 a- 乳白蛋白抗体的特异性相互作用来估计的，性能参数包括线性范围为 10 ～ 1 000 ng/mL，检出限为 0.12 mg/mL，总体仪器重现性相对标准偏差（RSD）为 5.71%，婴儿配方奶粉对照样品的 RSD 为 7.61%，试验重复 500 次测其表面稳定性。通过与独立液相色谱法的比较，证实了其准确性。该技术应用于消费者牛奶、初乳、乳清蛋白浓缩物和婴幼儿配方奶粉中 α-LA 含量的测定、奶牛泌乳早期的时间变化以及热变性的初步研究（Harvey 等，2009）。ELISA 技术主要用于食品中过敏原的分析，检出限低，灵敏度高，适用于同时分析多个样品，能够直接检测过敏原本身，而不是检测一小部分目标标志物。近年来，ELISA 被用于检测低过敏性配方中的 α-LA 残基。在某项研究中，使用重组 α-LA 作为免疫原生产高亲和力适配体。以适配体为捕获抗体，α-LA 多克隆抗体作为检测抗体，建立了夹心型酶联免疫吸附测定方法。结果表明，所开发的方法具有很高的可靠性、灵敏度和准确性。但仍然迫切需要开发具有降低成本、提高灵敏度、选择性和更快响应的替代定量方法。在这方面，开发新工具，最大限度地减少这些方法施加的限制并利用传统免疫化学方法的高特异性是未来的研究方向。Xu 等（2017）建立了胶体金酶联免疫吸附试验法用于检测牛奶中的 α-LA 含量。以抗 α-LA 单克隆抗体为基础建立的胶体金 ELISA 检测范围为 2.33 ～ 127.1 ng/mL，对牛乳中主要蛋白无 10% 的交叉反应。该方法检测市售样品中 α-LA 的回收率为 86.7% ～ 109.8%。由此可以看出建立的胶体金免疫分析法对牛乳中 α-LA 的检测具有良好的敏感性和特异性。

从这个意义上说，电化学免疫传感器被认为是蛋白质生物标志物分析的经典方法的有效替代方案，因为它们适合直接电读数，并且适用于便携式、可现场部署实施方案的低成本仪器以高灵敏度和选择性进行快速检测，这是乳制品行业常规测定的理想选择。基于电化学磁珠的免疫传感平台和光学生物传感器免疫测定光电电化学（PEC）生物传感器作为一种新兴的检测技术，因其高灵敏度和快速检测的特点，已被应用于疾病标志物、毒素和微生物等许多物质的检测。磁珠（MB）已被用于开发电化学免疫传感器，以提高其灵敏度，减少分析时间并最大限度地减少基质效应。基于电化学 MBs 的免疫传感器允许分析复杂的样品，而无需样品制备，包括预富集或纯化步骤。因其从复杂基质中通过磁吸力提取目标分析物，并在纯净的环境中测量电化学信号，使得功能化 MB 与用于复杂真实样品基质的免疫传感器尤其相关。Víctor 等（2016）描述了一个使用夹心配置，丝网印刷碳电极和 HOOC 修饰的 MB（HOOC–MBs）测定 α–LA 的电化学免疫传感平台。开发的方法涉及将捕获抗体固定在 HOOC–MBs 上，以及使用分析物和特定 HRP 标记的检测器抗体的混合物进行孵育的步骤。 使用 HQ 作为电子转移介质和 H_2O_2 作为酶底物。该平台已成功应用于多种牛奶样品和婴幼儿配方奶粉的分析，证明了其在食品安全方面的潜在作用。

另外，一些使用光电电化学生物传感器检测 α–LA，重要的是要使用合适的基材，具有优良的可见光响应、良好的光学性能和生物相容性来制备光电电化学生物传感器。Li 等（2022）构建了一种光电电化学生物传感器，将钨酸镉－硫化镉与聚多巴胺复合，提高附着力和传感器的稳定性，检测的线性范围为 0.001 ～ 10 ng/mL 内，检出限为 0.17 pg/mL，光电流强度随 α–LA 浓度的对数线性减小,。该方法具有良好的稳定性、选择性和重现性，该光电电化学生物传感器不仅为 α–LA 的检测提供了一种新颖可行的方法，也为其他食品中其他过敏原的检测和分析提供了参考。

从执行标签法规和要求的角度来看，开发用于牛奶中 α–LA 检测的新型生物传感机制势在必行。核酸适配体是单链 DNA（ssDNA）或 RNA，可以特异性结合具有高亲和力的靶分子，通过指数富集配体的系统进化（SELEX）方法从化学合成的随机寡核苷酸文库中筛选出来。核酸适配体可以识别多种靶标，包括蛋白质、小分子、细胞、细菌、肽，甚至组织。尽管存在抗体，但核酸适配体可以通过体外化学过程产生，具有小批次间变化、高稳定性，并且易于化学修饰和标记保留活性不受影响。

纳米酶用于描述具有某些酶模拟特性的纳米级材料。与天然酶相比，纳米酶在更好的稳定性、经济性和易于储存方面具有显著优势。Liu 等（2022）通过 15 轮捕获 SELEX 成功筛选出对牛奶过敏原 α-LA 具有高亲和力和特异性的核酸适配体。采用圆二色性和分子模拟技术研究了 α-LA 核酸适配体的可能识别机理，开发了一种比色 / 荧光双模传感策略，用于高选择性和灵敏度的 α-LA 检测。这种比色 / 荧光双模传感策略在 5 ～ 4 000 ng/mL 的线性范围内对 α-LA 灵敏识别，检出限分别为 3.32 ng/mL（比色法）和 0.71 ng/mL（荧光法）。同时，双模传感器对样品中 α-LA 的检测表现良好，稳定性好。这种双模 DNA 传感器可以应用于食品制造中更广泛的食品过敏原风险管理决策。

而在免疫化学法中，免疫层析试纸被认为是现场检查最有效和最方便的，不需要专业技术人员的帮助或额外的设备。胶体金免疫层析测定是一种沿试纸移动样品的测试方法。这种类型的检测方法方便，提供易于识别的结果，并且能够在 3 ～ 5 min 内提供可靠的结果，而无需使用任何昂贵的实验室设备。Tao 等（2016）利用前期的人 α-LA 转基因奶牛中的研究基础，建立了一种快速、简便的检测方法检测转基因牛乳和羊乳中人的 α-LA，该方法可以进一步应用于更多转基因动物的检测。

2.3 色谱法

色谱法是利用不同物质在不同相态的选择性分配，以流动相对固定相中的混合物进行洗脱，混合物中不同的物质会以不同的速度沿固定相移动，最终达到分离的效果。对于 α-LA 而言，主要涉及的是高效液相色谱法（HPLC）和离子交换色谱法。离子交换快速液相色谱（FPLC），原理与高效液相色谱理论类似，由经典的液体柱层析引入气相色谱理论发展而来，且对流动相进行了改革。离子交换色谱通常有着带电荷的固定相，通常是带有阳离子或者阴离子的树脂等有机物。这些带电荷的基团和一些带电的离子相结合，不同离子和固定相基底的亲和性不同，进而实现离子的分离和交换。分析物在通过柱子的时候在不断进行着离子结合与分离的平衡，最终结合能力更强的离子将会与固定相结合，结合能力弱的离子被洗脱下来。它保持了 HPLC 的快速高效精准的特点，但它需要预先把乳清蛋白与酪蛋白分离才可以进行。

HPLC 是一种基于样品分子在固定相和流动相之间的相互作用而实现分离的一种快速、高效的新型分析技术。与电泳法相比，高效液相色谱采用紫外吸收进行定量，故重现性要稳定得多。因其具有高效、选择性好、灵敏度高、应用范围广等特点，已成为蛋白质物质快速分离和分析的重要手段，高效液相色谱法定量测定 α－LA 原理主要是酸沉淀后测定和变性处理后测定两种形式，酸沉淀只能检测出天然的 α－LA，常用的是反向液相色谱法，而对于加工过的乳制品中变性的 α－LA 分离定量并不理想，而经变性处理后，可以测定变性的 α－LA，常用的方法是凝胶渗透色谱法。

酸沉淀是乳样品经过溶解、调节 pH 值为 4.6 沉淀酪蛋白等前处理，采用高效液相色谱系统经过流动相梯度洗脱，分离乳样品中各乳清蛋白组分后进行定量测定。采用乳中酪蛋白 pH 值为 4.6 等电点，热变性 α－LA 和 β－乳球蛋白与酪蛋白共沉淀的特性可以测得 α－LA 的含量，经过验证 α－LA、β－乳球蛋白 A、β－乳球蛋白 B 和牛血清白蛋白，检出限为 0.002 g/L，相关系数 R^2 大于 0.99，回收率为 93.0% ～ 97.0%，可以准确测定乳及乳制品中 α－LA 的含量。另一种快速、简便、灵敏的 RP-HPLC 法可以同时定量检测乳清蛋白中牛乳铁蛋白、转基因人乳铁蛋白、α－LA 和 β－乳球蛋白。该方法对样品进行离心脱脂和酸法去除酪蛋白，采用 Proteonavi C 色谱柱（5 μm，250 μm ×46 μm），流动相 A 为 0.1% 的三氟乙酸－水溶液，B 为乙腈水溶液，梯度洗脱：流动相 B 最初占比为 18%，在 15 min 内上升到 43%，保持 5 min，10 min 升至 75%，在最后 15 min 内降到 18%，流速为 0.5 mL/min，采用二极管阵列检测器，检测波长 280 nm，柱温 35℃。该方法使这 4 种蛋白都可以在优化的色谱条件上实现较好的分离，采用外标法定量，线性关系较好，R^2 均大于 0.999（朱宏等，2012）。同样利用酸沉淀法采用 Sepax–C8（4.6 mm×150 mm，5 μm）色谱柱，以 0.1% 的三氟乙酸水溶液（A）和 0.1% 的三氟乙酸乙腈溶液（B）作为流动相进行梯度洗脱，色谱柱在温度 28℃、波长 280 nm 检测条件下对 α－LA 进行分离检测。线性范围在 0.125 ～ 2.000 mg/mL

时线性关系良好（R^2> 0.99），平均回收率为 92% ～ 96%，α –LA 的检出限为 0.078 mg/mL（赵倩如等，2020）。胡敏等（2021）建立巴氏杀菌乳中 α –LA、β－乳球蛋白的高效液相色谱分析方法。样品经水稀释、调节 pH 值至 4.6 沉淀酪蛋白，过滤后采用 Xbridge Protein BEH C4 柱分析，经体积分数 0.1% 三氟乙酸－水溶液、体积分数 0.09% 三氟乙酸－乙腈溶液梯度洗脱、紫外检测器检测、外标法定量。结果表明：α –LA 在 10 ～ 500 mg/L 质量浓度范围内线性良好，相关系数为 0.99987；当牛乳中 α –LA 加标量为 200 ～ 1 032 mg/L，加标回收率为 97.9% ～ 104.0%、RSD 为 0.00% ～ 1.09%；β－乳球蛋白在 20 ～ 900 mg/L 质量浓度范围内线性良好，相关系数为 0.99996；当牛乳中 β－乳球蛋白加标量为 600 ～ 4 727 mg/L，加标回收率为 96.1% ～ 103.0%、RSD 为 0.00% ～ 2.23%。该方法分离效果好、重复性好，适用于巴氏杀菌乳中 α –LA 和 β－乳球蛋白的准确定量。

变性处理测定是以盐酸胍为变性剂，以 2- 巯基乙醇为还原剂，断开蛋白质中的硫－硫（S–S）化学键，形成展开的 α –LA 的单体结构，然后进行测定。王浩等（2009）通过优化色谱柱型号、柱温、流动相梯度比例等条件建立了 κ－酪蛋白、as_2– 酪蛋白、as_1 酪蛋白、β－酪蛋白、α –LA、β－乳球蛋白 B 和 β－乳球蛋白 A 共 7 种蛋白成分的有效分离方法，回收率达 88.9% ～ 97.1%，相对标准偏差为 0.8% ～ 5.1%。贾云虹等（2015）利用此原理建立了一种用凝胶过滤色谱测定婴幼儿配方奶粉中 α –LA 的方法。色谱条件：色谱柱为 TSK–2000SWXL（7.8 mm×300 mm），流动相为 6 mol/L 盐酸胍溶液，检测波长 280 nm。结果表明，α –LA 的检出限为 2.8 μg/mL，回收率为 93% ～ 106%，相对标准偏差 RSD 为 3.2%。用此方法检测婴儿配方奶粉中 α –LA，操作简单，结果准确可靠，精密度高，重现性好。《食品安全地方标准　婴幼儿配方乳粉中 α－乳白蛋白的测定　凝胶色谱法》（DBS32/ 011—2016）中利用此原理，采用高效液相色谱法检测，经凝胶渗透色谱柱分离，用紫外检测器在 280 nm 测定，以色谱峰保留时间定性，以峰面积定量，该方法定量限为 0.03 g/100 g。

超高效液相色谱与质谱联用（UPLC–MS）利用蛋白组学定量测定乳蛋白组分是采用胰蛋白酶特异性酶切目标蛋白生成肽段，通过定量测定目标蛋白肽段含量，根据肽段与乳蛋白等摩尔比例的关系，计算乳蛋白组分含量。胰蛋白酶特异性酶切氨基酸链中精氨酸和赖氨酸位点的 C 末端（酶切位点后为脯氨酸时则失去酶切能力）生成多条肽段，使用高分辨质谱测定和分析不同肽段的氨基酸组成、长度、质谱信号强度、肽段特异性等，优选氨基酸个数为 7 ～ 20 个且不含有甲硫氨酸、半胱氨酸和色氨酸等易被氧化氨基酸的肽段作为定量测定特异肽段。样品经碘代乙酰胺烷基化，再经碱性胰蛋白酶酶解。在 Waters C18 色谱柱上分离，流动相为 0.1% 甲酸水和 0.1% 甲酸乙腈，采用梯度洗脱分离，正离子多反应监测模式（MRM）检测，内标法定量。α－LA 在 40 ～ 1 000 nmol/L 范围内呈良好线性关系，在信噪比为 10 时，定量下限为 0.020 g/100 g；加标回收率为 84.7% ～ 95.6%，相对标准偏差（RSD，n=6）为 1.6% ～ 5.8%（杜娟等，2020）。质谱法把蛋白质组学应用在乳蛋白组分测定中，解决了无商业化乳蛋白组分标准品和标准品纯度低的问题。其高通量、高灵敏度的特点，使得多种成分同时测定成为可能，为乳中蛋白含量的测定提供一种准确的测定方法。张敏等（2020）建立高效液相色谱－串联质谱法测定牛乳和婴幼儿配方乳粉中 α－LA、β－乳球蛋白和乳铁蛋白含量的方法。样品中加入超纯水溶解，经过二硫苏糖醇和碘代乙酰胺溶液反应打开二硫键并保护巯基后，加入胰蛋白酶溶液进行酶解，反应结束后用乙腈水溶液定容，离心，移取上清液待测，外标法定量。结果表明，α－LA、β－乳球蛋白和乳铁蛋白标准曲线在 0 ～ 100 μg/mL 范围内线性良好，相关系数均大于 0.995；α－LA、β－乳球蛋白和乳铁蛋白在生乳中的平均加标回收率为 93.5%～117.1%，相对标准偏差为 1.4%～6.7%。该方法前处理操作简便，分析速度快，灵敏度高，可用于牛乳和乳粉中 α－LA、β－乳球蛋白和乳铁蛋白含量测定。

液相色谱法相对来说应用最广泛，由于 α－LA 和 β－乳球蛋白的分子量太过接近，需要选取合适的体积排阻色谱柱对两种蛋白进行分离，从而准确测得 α－LA 的含量。杜茹芸等（2022）研究选取了合适的体积排阻色谱柱，并且不仅针对于婴幼儿配方产品，还将同样有市场需求的乳清粉和牛乳中的 α－LA 的含量检测进行了研究，从而开发了一种可以同时用于检测婴幼儿配方乳粉、牛乳清粉以及牛乳中 α－LA 含量的检测方法，并且对市场上多批次的产品进行了检测。检测方法为使样品中的 α–LA 经过盐酸胍变性以及 2– 巯基乙醇还原后，形成展开的 α–LA 单体结构，调节 pH 值至 6.5 ～ 7.5，串联使用两根体积排阻色谱柱 MAbPac SEC–1 300A（7.8 mm×300 mm），以盐酸胍为流动相等梯度洗脱，用光电二极管阵列检测器在 280 nm 进行检测。本方法可以同时适用于牛奶、乳粉以及乳清粉中 α–LA 的分离分析。α–LA 的线性范围为 10 ～ 500 mg/L，线性相关系数均大于 0.99。α–LA 的检出浓度为 3.00 μg/mL（S/N=3），定量浓度为 10.0 g/mL（S/N=10）。

2.4　其他方法

李周敏等（2019）发明公开了一种检测 α–LA、β－乳球蛋白和乳铁蛋白的核酸适配体探针，可以快速准确地同时测定三种蛋白的含量，灵敏度高，检测时间短，操作简单易行。路梦凡等（2022）研究基于差示扫描荧光检测技术（DSF），以乳清蛋白本身的内源性荧光信号获取热稳定差异曲线，建立乳清蛋白鉴别检测方法，将其应用于不同热加工工艺乳的区分以及不同乳源的快速鉴别检测，并实现了乳制品中乳铁蛋白含量的特异性定量检测，具有操作简便、检测快捷、样品用量少的突出优势。对牛乳清蛋白的差示扫描荧光鉴别检测，其中包括 α–LA 的乳清蛋白标品进行 DSF 分析，研究其热稳定差异曲线特征提取及统计分析方法，建立五种牛乳清蛋白的鉴别检测方法，并将其用于不同热加工工艺乳制品的区分。结果显示，在蛋白浓度 >0.2 mg/mL，pH 值为 4.0 ～ 7.0 的条件下，均可获取稳定的特征性熔解曲线，采用 350 nm 的 DSF 曲线、350 nm/330 nm 比值的 DSF 曲线或者以上两种熔解曲线的熔解峰曲线，均可提取到具有显著差异性和特征性的熔解信息，结合数据分析处理准确鉴别了五种牛乳清蛋白，盲样检测准确率达到 100%，通过提取乳清蛋白以克服具有内源荧光酪蛋白的干扰，成功实现不同热加工牛乳制品的区分。

3 乳中α-乳白蛋白的生物功能

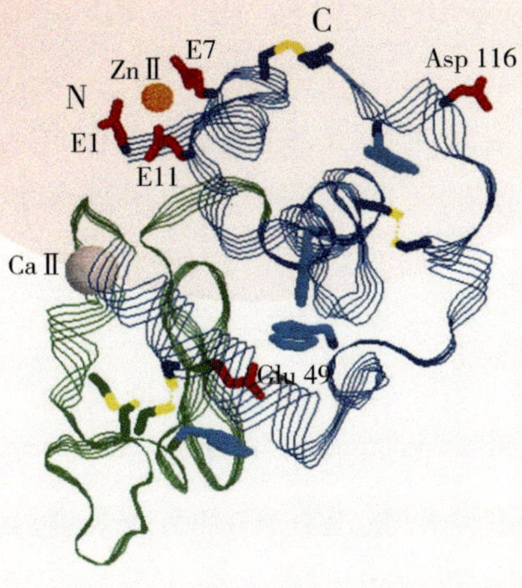

3.1 α－乳白蛋白对肠道的影响

3.1.1 α－乳白蛋白对肠道发育的影响

α－LA 占母乳中蛋白质总量的 20% ～ 25%，并具有多种生理活性。α－LA 是婴儿生物活性肽和必需氨基酸的重要来源，包括色氨酸、赖氨酸、支链氨基酸和含硫氨基酸，并刺激生长因子或激素的分泌，所有这些都对婴儿早期营养和器官的生长发育至关重要（Permyakov 等，2000）。乳糖是母乳喂养婴儿能量的重要来源，而 α－LA 在乳糖合成过程中起决定性作用，并能促进泌乳（Lönnerdal 等，2003）。α－LA 具有结合 Ca^{2+} 的能力，此外还能结合 Mg^{2+}、Na^{+}、K^{+}、Cu^{2+}、Hg^{2+}、Pb^{2+} 等离子（Permyakov 等，2000）。研究表明，消化 α－LA 过程中释放的生物活性肽可以影响免疫应答和细胞功能，例如刺激淋巴细胞活化和增殖，促进细胞因子分泌和抗体产生，并影响肠道菌群模式（Pellegrini 等，1999，Pihlanto - Leppälä 等，1999）。

肠道是人体最大的消化器官，也是与外界接触的最大器官之一，其主要功能是消化食物以及促进营养物质的吸收。研究者以健康的足月婴儿为研究对象，以母乳为对照，喂养富含 α－LA 的配方奶粉，在喂养 8 周后测定了婴儿定时餐后血浆的必需氨基酸水平。研究结果表明，喂养更高质量、更低蛋白质浓度的富含 α－LA 的配方奶粉可以满足婴儿所有必需氨基酸和蛋白质需求，并且受试组婴儿的胃肠道耐受性特征与母乳喂养的婴儿相似（Davis 等，2008）。人类新生儿的肠道在细胞结构和免疫功能上都是不成熟的。而母乳提供必需的营养物质和生物活性化合物，可以促进新生儿的肠道发育。母乳中主要的蛋白质是 α－LA、乳铁蛋白、免疫球蛋白和溶菌酶（Newbur 等，2007）。这些蛋白质与消化过程中释放的相关氨基酸和多肽一起，对胃肠功能产生不同的生理作用。α－LA 在小肠中被消化，其中氨基酸以单独的形式和小肽的形式被吸收，然而，乳清蛋白对肠道发育的具体作用尚未完全阐明。有趣的是，先前的几项研究表明，消化过程中从 α－LA 中释放出的几种肽能够引起有益的生物效应。有研究

分析了膳食 α–LA 对血浆、胃和肠中 α–氨基酸、钙和磷浓度的影响，膳食 α–LA 可以显著提高小肠中钙和磷的吸收水平（Pantako 等，2001）。另一项类似的研究也发现，由于钙与胃肠道酶水解蛋白质形成肽的复杂结合机制，α–LA 可以增加膳食中钙的吸收率（Wang 等，2022）。肌醇已被发现可以促进肝脏的脂质代谢功能，还可以降血糖并调节激素平衡。有研究通过体外模拟胃肠道消化实验，获得了 α–LA 肽，并测试了其对 D–肌醇的肠道吸收促进能力。结果发现，α–LA 的消化物大大增强了 D–肌醇在肠道的吸收能力（Ranaldi 等，2020）。另有研究基于动物实验，发现膳食 α–LA 可以改变高脂肪饮食喂养小鼠的能量平衡、肠道微生物群组成和肠道营养转运蛋白表达（Boscaini 等，2019）。基于这些研究，我们推测 α–LA 对于促进肠道健康具有特殊的保健功效。

α–LA 还具有多种其他功能，包括传递信息、调节新陈代谢和免疫反应（Depoorter 等，2014），并被广泛证明可以用于疾病的调控。最近的一项基于小鼠实验的研究表明，α–LA 部分调节了肠道微生物组成和结构，并缓解了肥胖相关的炎症。这揭示了牛 α–LA 水解物作为潜在的功能性食品成分的潜力（Li 等，2019）。此外，有研究调查了 α–LA 肽 Asp–Gln–Trp 改善高脂肪饮食诱导的小鼠胰岛素抵抗和肠道微生物群失调的潜在机制，结果表明，Asp–Gln–Trp 可缓解高脂肪饮食诱导的小鼠体重增加、肝脂肪变性、胰岛素抵抗和血脂异常，并通过调节肠道微生物群组成，增强 SCFA 水平以及激活 PPARα 和 IRS1/PI3K/Akt 途径来减轻高脂肪饮食诱导的胰岛素抵抗（Chen 等，2022）。另有研究对饮食中 α–LA 对肠－肝轴的影响机制进行了研究，结果发现 α–LA 可以改善肠道屏障功能，抑制内毒素水平（Fukawa 等，2020）。此外，相比于普通配方奶粉，富含 α–LA 的配方奶粉可确保患有腹部绞痛婴儿的生长状态良好，并且似乎具有更好的胃肠道耐受性（Dupont 等，2010）。相比于其他乳中的蛋白，α–LA 含有更高含量的色氨酸和半胱氨酸，并具有一些特殊的翻译后修饰活性（Pellegrini 等，1999）。糖基化色氨酸是血清素的直接前体，而血清素在肠道中具有调节作用；半胱氨酸是抗炎、抗氧化的谷胱甘肽的直接前体（Berger 等，2009；Wu 等，2013）。生物活性肽可以在婴儿相对不成熟的消化道的消化过程中被释放出来，色氨酸主要通过犬尿氨酸途径降解，产生谷氨酸和喹啉酸，而这两种物质都会影响肠道蠕动和免疫能力。最近的证据表明，犬尿氨酸代谢物参与肠道蠕动，尽管其背后的机制尚不清楚（Keszthelyi 等，2009）。血清素还在调节食物摄入量和能量平衡、胃肠和内分泌功能以及心血管和肺生理方面发挥不同的作用。据报道，每天色氨酸摄入量的 1% ～ 2% 被转化为血清素，其中 95% 的血清素在胃内皮细胞的肠嗜铬细胞内合成（Berger 等，2009）。这些细胞在接触食物时释放血清素，并刺激胃肠道运动和分泌。此外，喹啉酸还被认为对巨噬细胞具有免疫保护作用（Keszthelyi 等，2009）。胃肠道是 α－LA 的理想消化场所，有研究表明，相比于碱性消化酶的 α－LA 消化产物，胃肠道中的 α－LA 消化肽具有更高的抗氧化性，这可以为婴儿早期的生长发育提供免疫保护作用（Báez 等，2021）。另有研究通过模拟胃肠道消化，分析了乳中主要乳清蛋白的生物活性，结果发现，胃肠道消化后的 α－LA 可以减少人体肠道细胞中自由基的形成（Corrochano 等，2018），这进一步说明了 α－LA 胃肠道消化物中生物活性肽的抗氧化作用。α－LA 还有利于预防肠道炎症的发生。评估的 α－LA 对葡聚糖硫酸钠（DSS）诱导的肠道炎症的影响，结果发现，α－LA 减少了结肠炎症状和结肠损伤（De Caro 等，2018）。然而，目前对 α－LA 对肠道功能的实验评估主要集中在肠道微生物群的变化和抗菌作用上。

新生儿的肠道上皮细胞表达受各种生长因子和激素受体的影响，这些因素可能直接影响婴儿肠胃组织的生长发育，包括胰岛素样生长因子、神经张力素和葡萄糖样肽等（Burrin 等，2002）。其中，葡萄糖样肽是一种参与肠道上皮细胞增殖和随后肠道生长的激素。据报道，葡萄糖样肽可以刺激肠道内分泌肠道 L 细胞分泌胰高血糖素样肽（Drucker 等；2002，Dubé 等，2007）。此外，据报道，外源性葡萄糖样肽也可促进肠道成熟（Drucker 等，2002；Burrin 等，2005）。因此，某些牛奶成分可以通过葡萄糖样肽的分泌支持胃肠道的生长和成熟。研究发现，α－LA 可以刺激葡萄糖样肽的分泌，进而促进哺乳期大鼠的肠上皮隐窝细胞增殖，肠道长度，并促进肠道生长和成熟（Izumi 等，2009）。另有研究表明，Caco-2 细胞的增殖率可在低质量浓度的 α－LA 刺激下呈现上升趋势，从而促进肠道发育。有研究报告了不同热处理的 α－LA 对正常人肠道上皮细胞株增殖、周期及凋亡的影响，结果发现，热处理 α–LA 可以明显促进肠道上皮细胞株增殖，其作用机制可能与分裂细胞的比例增加从而抑制细胞凋亡有关（盛雪等，2020）。对健康足月婴儿的研究表明，与母乳喂养的婴儿相比，喂养含高比例 α–LA 的低蛋白含量配方奶粉的婴儿表现出与母乳喂养相似的血浆色氨酸浓度、胃肠耐受性和生长情况（Lien 等，2004；Trabulsi 等，2011）。较早的一项研究报道了 α–LA 对幼年大鼠胃组织潜在的保护作用，研究人员发现，通过口腔插管施用 α–LA 可增加胃组织中前列腺素的产生，从而促进黏蛋白的产生和碳酸氢盐分泌到保护性黏蛋白层中（Ushida 等，2003）。此外，牛乳清蛋白是一种强有力的生长促进剂，尽管这种效应背后的机制尚不清楚，但据推测乳清产品阻碍细胞代谢的方式类似于乳铁蛋白衍生的抗菌肽，即通过影响细胞质膜的方式，促进机体发育。有研究基于动物模型发现牛乳清蛋白浓缩液可以改善早产猪的生长发育、肠道形态功能等指标。然而，除了人类母乳来源的乳清蛋白之外，其他来源的乳清蛋白对小鼠体内的蛋白质组成以及对未成熟的肠道和发育中的大脑影响有限（Nielsen 等，2020）。综上，α–LA 对于肠道的发育和功能的形成有着明显的影响作用，而其影响机制可能需要被进一步研究。

3.1.2 α－乳白蛋白对肠道菌群的影响

人体肠道中存在着的微生物群落被称为肠道菌群。肠道微生物群极为复杂，其中主要以厌氧菌为主。值得注意的是，人体的肠道菌群并不是一成不变，而是处在动态变化中，并最终建立成多样化的细菌生态系统（Garud 等，2019）。新生儿首先在肠道中建立的菌群种类通常是需氧或兼性厌氧细菌，主要由肠杆菌、肠球菌和葡萄球菌定植（Hoogkamp–Korstanje 等，1979；Stark 等，1982）。此外，真杆菌、韦洛氏菌、梭杆菌和消化链球菌是常见于成人肠道微生物菌群的厌氧菌，但较少从婴儿肠道内分离和鉴定。肠道菌群在维持肠道稳态方面也发挥着重要作用。通常情况下，肠道菌群的功能包括参与机体的营养代谢吸收以及免疫和抗菌保护两方面（Ramakrishna 等，2013；Zeng 等，2016）。

婴儿时期肠道菌群保持健康的动态平衡有利于其生长发育和免疫系统

的发展。其中，喂养方式是决定肠道菌群建立的重要方式之一，通常来说，α-LA及其肽会影响肠道微生物群以及营养素的吸收，并能影响和调节免疫反应。众所周知，α-LA是母乳中的主要乳清蛋白。研究表明，婴儿配方奶粉喂养的婴儿的肠道微生物组的组成与成人更相似，而母乳喂养的婴儿比非母乳喂养的婴儿的肠道菌群组成更合理，这可能是因为相比于反刍动物乳，母乳中α-LA的含量更高（Benno等，1984），其内在机理可能是由于婴儿摄入母乳的α-LA后，经过消化的α-LA会释放各种生物肽作用于肠道微生物，并对益生菌有一定的促进作用。

大量证据表明，体外消化后的α-LA可以有效抑制肠道中致病菌的生长，这主要由于胰蛋白酶消化α-LA所产生的抗菌肽产生的抑菌作用。具体而言，在消化α-LA的过程中，也可能形成对大肠杆菌、肺炎克雷伯菌、金黄色葡萄球菌、表皮葡萄球菌、链球菌和白色念珠菌具有活性的抗菌肽。此外，这些由α-LA消化产生的小肽可能会抵抗进一步消化并在结肠中发挥抗菌活性。先前有研究基于体外消化实验，使用胰蛋白酶消化α-LA并获得两个抗菌肽，这些来源于α-LA的抗菌肽对枯草芽孢杆菌等革兰氏阳性细菌有抑制作用（Pellegrini等，1999）。另有研究表明，人胃液和人十二指肠液获得的α-LA水解产物能有效抑制单核细胞增生李斯特菌的繁殖（Almaas等，2008）。事实上，α-LA具有与C型溶菌酶相当的三级结构，并且在突变形式下具有类似的作用（Xue等，2001）。较早的一项研究描述了α-LA的一种抑菌作用，结果表明α-LA将大肠杆菌JM103的代谢活性降低至正常水平的21%（Pihlanto - Leppälä等，1999）。有研究以恒河猴为研究对象建立动物实验，将恒河猴从出生到5个月大时分别采用母乳、配方奶粉（对照）以及补充糖巨肽或α-LA的配方奶粉喂养，结果发现母乳喂养的婴儿和喂养补充α-LA的配方奶粉的婴儿没有腹泻，喂养补充糖巨肽配方奶粉的婴儿有间歇性腹泻，而在喂养普通配方奶粉的婴儿中观察到了急性腹泻，这说明在婴儿配方奶粉中补充适当的α-LA可能有助于提高婴儿抵抗大肠杆菌引起的急性感染的能力（Brück等，2003）。另有研究表明，由α-LA水解产生的抗菌肽Gly-Leu-Phe也被证明具有抗菌作用，它能增强巨噬细胞的吞噬作用，并可以刺激多种在抑制致病菌生长起到重要作用的生物学过程，例如中性粒细胞氧化代谢及磷酸肌醇代谢（Migliore-Samour等，1992）。此外，母乳喂养的婴儿的胃消化产物中也发现了Gly-Leu-Phe，这可能表明了Gly-Leu-Phe可以一定程度上抵抗胃部消化，并可能在随后的肠道消化中发挥作用。研究人员发现，α-LA的某种衍生肽与糖巨肽可以发生协同作用，并进而抑制肠道中致病菌对肠道细胞的黏附，例如鼠伤寒沙门菌和弗氏志贺菌（Matsuki等，2010）。另有研究人员基于两阶段培养的实验试剂探究了补充α-LA的婴儿配方奶粉对婴儿肠道菌群的影响，结果发现，补充α-LA的配方奶粉的肠道菌群模式与母乳喂养的婴儿的肠道菌群模式更相似，此外，相比于对照组，补充α-LA的配方奶粉使一些致病菌的数量显著减少，例如梭状芽孢杆菌、大肠杆菌等（Brück等，2002）。

目前乳清蛋白已被广泛用于乳制品的添加，而α-LA是母乳中的主要乳清蛋白。因此，探究α-LA对于调节婴儿肠道菌群的平衡和组成并提升肠道菌群中益生菌的相对丰度的作用，对于确定α-LA在婴儿配方奶粉中的合理添加量意义重大。有研究考察了配方奶粉补充α-LA和酪蛋白糖巨肽对肠道菌群的影响，结果发现，α-LA和酪蛋白糖巨肽可以在有益微生物群的起始种群较低的情况下对起初未进行母乳喂养的婴儿实现益生元增强作用（Brück等，2006）。此外，在婴儿配方奶粉中补充适当的乳蛋白可能有助于模仿母乳中有益细菌的组成（Brück等，2003）。另有研究基于体内消化实验，分析了不同月龄婴幼儿肠道菌群的物种丰富度及Alpha多样性，结果发现0～6月龄婴儿肠道菌群的物种丰富度显著低于12～36月龄幼儿，并由此可推测，6～12月是对婴儿肠道菌群调节和干预的关键时期，而在此时期补充中高剂量α-LA，可一定程度提高或者改善婴儿肠道菌群多样性，调整菌群结构，并促进更多的益生菌在肠道内繁衍和定植，减少肠道致病菌的黏附，从而保证婴儿肠道菌群的健康发展（王瑞，2018）。另有研究者探究了不同喂养模式对婴儿肠道菌群的影响，结果发现母乳喂养的婴儿肠道菌群中厚壁菌门、变形菌门和放线菌门的相对丰度呈现出动态变化，研究人员推测这可能是由于母乳中的α-LA对肠道菌群门水平的影响导致的（尹进等，2018）。此外，添加适量α-LA在提高菌群多样性的同时，提高或维持了肠道益生菌的相对丰度，同时还降低了肠道有害菌的丰度。有研究基于动物实验，在属水平上探究了

α－LA 对大鼠肠道菌群的影响，结果发现，高剂量 α－LA 能维持部分肠道益生菌相对丰度恒定，中、低剂量 α－LA 促进益生菌繁殖效果更好；不同的 α－LA 蛋白剂量均能使普雷沃菌属、拟杆菌属的相对丰度有不同程度的降低，其作用效果随 α－LA 浓度降低而提高（李梦寒，2019）。此外，α－LA 还是畜乳乳清蛋白中的主要成分之一，有研究探究了不同羊乳成分对肠道微生物的影响，结果发现羊乳乳清蛋白能够促进肠道中益生菌属、普雷沃菌属的生长，也可抑制肠道中致病菌的生长，此外，羊乳乳清成分还能促进肠道微生物的丁酸代谢（蔡俊娜，2021）。这可能进一步说明了 α－LA 对肠道菌群的有益影响。总之，消化后的 α－LA 抑制致病菌生长的同时促进益生菌生长，因此对肠道菌群可能有积极的调整作用。

α－LA 也可以通过调节和改变肠道菌群的组成影响肠道黏膜免疫。有研究发现，鼠李糖乳杆菌可以促进细胞更新和伤口愈合，并可逆地恢复了肠上皮细胞的功能，这可能有利于婴儿早期的肠道发育（Swanson 等，2011）。而阿克曼氏菌和植物乳杆菌具有类似的功能，同样能促进肠上皮细胞的发育完整性（Furusawa 等，2013）。有研究基于大鼠实验，发现中等剂量的 α－LA 能有效提高阿克曼菌、乳杆菌相对丰度、并降低普雷沃菌科成员的相对丰度。这可能说明 α－LA 能够有效促进肠上皮细胞更新、增加黏膜厚度，从而增强肠道免疫力（李梦寒，2019）。

3.2 α－乳白蛋白对生长发育的影响

母乳因其独特的营养特性和优质蛋白质来源而成为婴幼儿的理想食品。然而，有相当一部分的母亲在喂奶的过程中都会遇到同样的一个问题，那就是母乳不足。婴幼儿刚出生，母亲没有足够的母乳，那么就需要其他营养物质代替母乳来补充婴幼儿生长所需要的各种营养，从而来保障婴幼儿在 0～6 个月健康的成长，因此开发了婴幼儿配方奶粉作为替代品。目前，对于婴幼儿配方奶粉的最佳蛋白质浓度尚未达成共识。美国食品药品监督管理局和食品法典委员会以牛奶和大豆蛋白为标准，分别将婴幼儿配方奶粉的最低蛋白质能量比定义为 1.8 g/100 kcal（1 kcal≈4.186 kJ）和 2.25 g/100 kcal，但没有解决最佳摄入量的问题。为了满足新生儿的氨基酸需求，目前市场上大多销售的婴幼儿配方奶粉的蛋白浓度为 13 ～ 15 g/L，要高于成熟期母乳 9 ～ 12 g/L 的蛋白浓度。如果使用蛋白质含量较高的配方奶粉长期喂食婴幼儿，会造成婴幼儿增重过度，增加代谢压力和肾脏负担，同时对其成年后体重及健康状况等方面造成一定的负面影响。

牛奶已成为婴幼儿配方奶粉最常见的原料来源。然而，由于人乳和牛奶在乳清蛋白与酪蛋白的比例、特定蛋白质的水平及其氨基酸组成等方面存在显著差异，因此人乳喂食和婴幼儿配方奶粉喂食的婴幼儿的生长发育也存在差异。例如，β－乳球蛋白是牛乳中发现的一种蛋白质，在人乳中却检测不到，而 α－LA 是人乳中的主要蛋白质，却在牛乳中含量很低。此外，牛乳氨基酸中色氨酸和半胱氨酸的含量约为人乳中的一半。因此，为了维持与人乳喂食的婴幼儿相似或更高的必需氨基酸血浆浓度，标准配方奶粉（13 ～ 15 g/L）的蛋白质含量高于母乳。因此，喂食蛋白质含量较高的配方奶的婴幼儿体重增加得更快。婴幼儿时期过度的体重增长和新陈代谢被认为会使婴幼儿在以后的生活中更容易出现体重增加和肥胖的情况。

色氨酸是食物蛋白质中最具限制性的氨基酸之一，而血浆色氨酸水平被认为是婴幼儿配方奶粉蛋白质是否充足的重要标志。作为神经递质血清素的前体，色氨酸多次被认为与中枢神经系统的功能有关，如食欲、睡眠、记忆和学习、温度调节、情绪、行为以及神经元和突触连接的成熟。增加婴幼儿配方奶粉中 α－LA 的比例，同时降低总蛋白质含量是有益的，因为 α－LA 具有相对较高的色氨酸含量（表 3.1）和较高的蛋白质质量。临床研究表明，降低婴幼儿配方奶粉中的蛋白质含量，同时增加 α－LA 的比例，可以使血浆中必需氨基酸的浓度与母乳喂食的婴幼儿相似。

由于婴幼儿配方奶粉中过量的蛋白质会带来潜在的风险，因此用 α－LA 丰富配方奶粉可以相对降低配方奶粉中的蛋白质含量，同时提供所需的氨基酸。与基于乳清蛋白的非浓缩配方奶粉相比，富含 α－LA 的配方奶粉更有利于婴幼儿的正常生长发育，并在较低的蛋白质摄入量下保持足够的血浆氨基酸浓度。

补充 α－LA 的低蛋白婴幼儿配方乳粉，目前已被多项试验证明能够使婴幼儿的生长发育接近母乳喂食水平，且低蛋白水平对婴幼儿无不利影响，具有实践生产意义。在一项研究中，134 名出生 14 天或以下的婴幼儿被喂食对照配方奶粉或富含 α-LA 的低蛋白配方奶粉 12 周，尽管实验配方奶粉的蛋白质含量较低，但两组婴幼儿的生长发育和血清白蛋白（蛋白质状态的临床生物标记物）是相似的（Lien 等，2004）。在一项双盲随机对照试验中，Sandström 等（2008）在婴幼儿 6 周至 6 个月大时给他们喂食标准配方奶粉或富含 α-LA 的配方奶粉，并与母乳喂食的婴幼儿进行比较（各配方蛋白质含量为 13.1 g/L）。与喂食标准配方奶粉的婴幼儿相比，喂食富含 α-LA 配方奶粉的婴幼儿的生长模式更类似于母乳喂食的婴幼儿，其血浆氨基酸浓度与母乳喂养的婴幼儿情况高度相似。

徐秀等（2006）利用富含 α-LA 的低蛋白婴幼儿配方奶粉对健康足月婴幼儿出生后 3 个月的生长发育情况与喂食耐受性进行了评价，发现富含 α-LA 组的婴幼儿前 3 个月内体重、身长和头围的增值与母乳组和标准配方组均无显著性差异，且胃肠道耐受性较普通配方奶粉组好。Petersen 等（2020）通过一项随机双盲对照试验选取了 80 名健康婴幼儿，分为两组，分别给予 1.89 g/100 kcal 和 2.1 g/100 kcal 两种 α-LA 蛋白水平的婴幼儿配方奶粉，并在第 0 周、第 6 周和第 12 周以及试验结束后第 6 个月、12 个月的随访中进行体格发育测量后发现，不同研究组之间的体重、身高、头围、体重指数以及体内脂肪含量百分比没有显著差异，这表明富含 α-LA 的低蛋白婴幼儿配方奶粉具有实际的应用价值。有临床试验表明，喂食额外补充 α-LA 的低蛋白配方奶粉的 85% 以上的婴幼儿的各项发病率更低，胰岛素样生长因子-Ⅰ（insulin-like growth factor-Ⅰ，IGF-Ⅰ）及连接肽的水平更接近母乳喂食的婴幼儿，且体重增加情况仍符合婴幼儿的正常生长标准。Trabulsi 等（2011）将 5 ～ 14 天的健康足月婴幼儿随机分为两组，在 120 天内分别给予同等能量水平的含有 14.1 g/L 蛋白质和补充 α-LA 的 12.8 g/L 蛋白质的婴幼儿配方乳粉，结果表明两组婴幼儿的头围、平均增重没有明显差异，血清白蛋白、血尿素氮和肌酐的平均浓度均保持在正常范围内，且补充 α-LA 的低蛋白组中婴幼儿血浆的必需氨基酸浓度更高。这些研究证明了使用富含 α-LA 的婴幼儿配方奶粉的益处。

研究表明，使用婴幼儿配方乳粉喂食的婴幼儿血清支链氨基酸浓度和胰岛素浓度明显高于母乳喂食婴幼儿。婴幼儿血清中的高胰岛素水平带来的长期影响目前尚未得到详细的研究，但很可能与婴幼儿的糖尿病和肥胖风险有较高的相关性。通过增加 α－LA 的比例，优化婴幼儿配方乳粉的蛋白质组成及氨基酸结构，能降低婴幼儿的蛋白质代谢负担，使婴幼儿配方乳粉的组成结构及比例更加接近母乳水平。

表 3.1　分离蛋白的氨基酸组成

氨基酸	氨基酸含量（mg/g 蛋白质）						
	α－LA	乳清蛋白	酪蛋白	鸡蛋	牛肉	大豆	小麦
组氨酸	30	22	25	26	34	19	20
异亮氨酸	60	55	47	56	44	49	42
亮氨酸	108	122	89	94	82	78	68
赖氨酸	109	112	76	76	90	51	26
蛋氨酸	10	23	26	39	29	13	17
半胱氨酸	48	30	3	26	11	12	22
苯丙氨酸	41	36	51	66	39	43	58
苏氨酸	43	45	44	45	44	38	28
色氨酸	48	27	12	17	12	13	9
缬氨酸	43	52	59	73	46	47	43

资料来源：美国农业部食品成分数据库，2018。

3.2.1　α－乳白蛋白对骨骼的影响

骨质疏松症是一种骨骼疾病，其特征是骨矿物质密度低和骨组织微结构恶化，导致骨脆性增加，从而增加骨折发生率。选择健康的生活方式，例如定期体育锻炼、减少接触危险因素（即香烟和酒精）以及充足和适当的营养，是骨骼健康的重要外在因素。自古以来，牛奶及相关产品就是传统的重要饮食。乳制品富含矿物质和优质蛋白质，对骨骼健康非常重要。有研究证据表明，牛奶蛋白和钙是有助于骨骼稳态的两个独立因素。乳蛋白整体或其单独的活性成分，以及乳源生物活性肽，不仅可以作为矿物质载体，增强矿物质的生物利用度，还可以影响骨代谢，介导骨重塑的不同阶段。

骨骼组成和功能受到许多变量的影响，包括性别、年龄等。Kerstetter 等（2015）对 208 名 60 岁以上参与者（男女混合，但以女性为主）进行的试验证明了这一点，其中补充 18 个月的 α-LA 不会导致骨骼特征发生变化，即使其他身体因素，如去脂体重发生了改变。此外，基于 5 项随机对照试验和 12 项观察性试验，Weaver 等（2016）得出结论，乳制品中乳清蛋白部分对骨成分，特别是全身骨密度和胫骨皮质厚度有积极影响。文献中一致认为，饮用牛奶会对骨骼健康产生积极的影响，有利于骨骼的发育和长期健康。最近的一项研究显示，老年男性在饮食中摄入高蛋白时，炎症基因表达上调。慢性低度炎症与通过激活 RANKL 刺激破骨细胞生成有关，因此，饮食蛋白质模式可能通过炎症途径间接影响骨健康。而充足的 α-LA 摄入通过抗氧化酶系统的合成提供了抗炎和抗氧化作用。此外，在肥胖受试者中，乳制品 α-LA 的摄入降低了全身炎症和氧化程度。

除了完整的 α-LA 结构外，源自 α-LA 的生物活性肽对骨稳态调节同样具有十分重要的作用。这些乳源性生物活性肽是在乳蛋白中加密的短氨基酸序列，可通过酸性蛋白分解菌（乳酸菌、酵母菌等）对乳进行发酵或通过胃肠消化过程中的酶水解来释放，对骨重塑具有调节作用。据报道，牛奶来源的肽可以调节成骨细胞生成的不同阶段。三种乳清蛋白衍生肽（Tyr-Val-Glu-Glu-Leu、Tyr-Leu-Leu-Phe 和 Trp-Leu-Ala-His-Lys）被报道可诱导成骨细胞分化标记物基因，如 *COL1A1*、*ALP*、*OCN* 和 *RUNX2*（Pandey 等，2018）。氧化状态、炎症状态以及肾素-血管紧张素系统内血管紧张素Ⅱ水平升高可能会扰乱骨稳态；因此，具有抗氧化、抗炎和抑制血管紧张素Ⅱ形成或功能活性的乳源性肽也可能影响骨细胞并调节骨重塑。例如，α-LA 衍生的三肽 Val-Pro-Pro（VPP）和 Ile-Pro-Pro（IPP）是两种众所周知的 ACE 抑制肽；随后，它们对激活成骨细胞增殖和分化、促进脂肪细胞分化和胰岛素敏感性的调节活性逐渐被揭示（Li 等，2019）。具有 ACE 抑制活性的胰蛋白酶酪蛋白水解物也促进成骨细胞增殖和分化。据报道，两种乳清蛋白衍生肽（Tyr-Val-GluGlu-Leu 和 Tyr-Leu-Leu-Phe）分别具有抗氧化和 ACE 抑制活性，可促进成骨细胞增殖和分化。在过氧化氢应激的成骨细胞中，α-LA 衍生的七肽 Val-Leu-Pro-Val-Pro-Gln-Lys 通过抑制氧化应激以及 caspase-9 和 caspase-3

活性来抑制细胞凋亡，证明乳源肽可以通过氧化还原平衡调节骨代谢（Mada 等，2017）。

3.2.2　α－乳白蛋白对肌肉的影响

α－LA 与其他乳清蛋白一样，含有高浓度的支链氨基酸亮氨酸、异亮氨酸和缬氨酸，并且亮氨酸含量高于鸡蛋、大豆、牛肉或小麦蛋白（表 3.1）。亮氨酸是骨骼肌合成及代谢的关键饮食调节剂，亮氨酸通过诱导 mTORC1 信号复合物的激活，mTORC1 信号复合物在刺激餐后骨骼肌蛋白合成的翻译因子的激活中发挥着核心作用。PROT－AGE 研究组认识到亮氨酸阈值对于维持骨骼肌质量和功能的重要性，该研究组建议每餐至少摄入 2.5 g 亮氨酸，以保持老年人的肌肉健康。支链氨基酸的代谢主要发生在骨骼肌中，不仅为肌肉收缩提供能源，还为谷氨酰胺和丙氨酸的从头合成提供胺底物。谷氨酰胺是淋巴细胞、巨噬细胞和肠上皮细胞的主要能量来源，丙氨酸是糖异生和血糖稳态调节的主要底物（Bauer 等，2013）。

最近的研究表明，夜间摄入蛋白质可能具有保护和增强肌肉质量和力量的潜力。睡前摄入含高浓度亮氨酸的蛋白能效地促进机体消化和吸收，从而刺激肌肉蛋白质的合成和改善运动后夜间恢复期间的全身蛋白质平衡（Res 等，2012）。此外还有研究人员表明，夜间蛋白质摄入提供了维持生命所需的前体氨基酸的重要来源。这些研究人员发现，服用 40 g 酪蛋白的老年人的肌肉蛋白合成和全身蛋白周转呈正平衡。摄入时间与睡眠时间一致，至少部分地与生长因子的昼夜节律周期一致，特别是与慢波睡眠早期出现的生长激素每日峰值一致（Groen 等，2012）。α－LA 作为色氨酸和亮氨酸的丰富来源，可能是优化睡眠和肌肉蛋白质合成的理想蛋白质。

此外，市面上有多种类型的蛋白质补充剂，但浓缩乳清蛋白是主导产品。浓缩乳清蛋白中的蛋白质含量取决于产品技术要求，一般在 25%～89% 变化，并部分去除碳水化合物（从而减少乳糖）和脂肪。分离乳清蛋白则含有更高比例的蛋白质，为 90%～95%，脂肪和乳糖比例较低，甚至不含。类似这些蛋白质补充剂富含 α－LA 和 β－乳球蛋白等良好的消化率和低致敏性蛋白，因此备受运动健身人群所喜爱。有研究表明，蛋白质补充剂可增加老年人和年轻人运动训练后体重。Dirks 等

（2017）评估了24周的渐进式阻力型运动训练（每周2次）并在此期间每天补充两次富含α-LA的牛奶（2×15 g）或安慰剂（2×7.13 g乳糖）对机体的影响。研究人员得出的结论是，在长时间的阻力型运动训练后，补充蛋白质会增加肌肉纤维的肥大。另一项针对牛奶蛋白的研究表明，无论是否补充蛋白质，阻力训练都是增加肌肉质量和力量的有效方法。在老年肌肉减少症患者进行抗阻运动时，可能会建议使用更高剂量的富含α-LA的食物来促进肌肉质量的增加。此外，健康老年男性经过16周的运动训练后，补充富含亮氨酸的可溶性牛奶蛋白可以缩短肌肉衰竭的时间，并增加骨骼肌的质量和力量。

年轻运动员也受益于运动后饮用牛奶，与等能量大豆或碳水化合物消耗相比，饮用富含α-LA的牛奶在新手举重运动员阻力训练的早期阶段会更有利于训练后肌肉群的状态恢复。Kerksick等（2006）的研究证实了这一点，该研究对36名接受过阻力训练的男性进行了为期10周、每周4天的分体阻力训练计划。在这项研究中，参与者每天接受48 g碳水化合物（安慰剂）或40 g富含α-LA的蛋白粉加8 g酪蛋白，或40 g富含α-LA的蛋白粉加3 g支链氨基酸和5 g谷氨酰胺。事实证明，经过10周的高强度阻力训练后，富含α-LA的蛋白粉和酪蛋白的组合可以最大程度地促进去脂体重的增加。此外，在一项关于比较胶原蛋白和α-LA对有氧运动后运动员的身体状况的研究表明，在强化有氧运动期间可使用高质量蛋白质补充剂来增强肌肉蛋白质合成（Oikawa等，2020）。鉴于α-LA具有比胶原蛋白更高的肌原纤维蛋白和肌浆蛋白的综合合成效率，因此，相对于胶原蛋白而言，补充富含α-LA的蛋白质可以提高肌肉蛋白质率。

3.2.3 α-乳白蛋白对大脑发育的影响

足月出生时的婴幼儿大脑重约350 g，占婴幼儿体重的10%左右。在生命早期中枢神经系统处于发育的关键窗口期，具有较强的代谢活性，对能量和营养物质高度敏感。α-LA中含有丰富的色氨酸，而色氨酸是母乳和婴幼儿配方乳粉的主要限制性氨基酸之一。色氨酸在人体内主要有3种代谢途径，其中约1%的色氨酸在肠道嗜铬细胞中的色氨酸羟化酶 1（tryptophan hydroxylase1，TPH1）和神经元细胞中的色氨酸羟化酶 2（tryptophan hydroxylase1，TPH2）的作用下生成 5–羟色胺（5–hydroxytryptamine，5–HT），约 4% 的色氨酸会被微生物代谢为吲哚衍生物，约 95% 的色氨酸被吲哚胺 –2,3– 双加氧酶（indole–amine 2,3–dioxygenase，IDO）或肝脏中的色氨酸 –2,3– 加氧酶（tryptophan 2,3–dioxygenase，TDO）合成犬尿氨酸（Gao 等，2020）。

5–HT 能够参与人情绪、行为和认知功能的调节，促进婴幼儿海马发育、髓鞘形成和神经递质的产生，还能通过进一步代谢反应产生褪黑素，调节昼夜节律和睡眠质量。良好的睡眠质量是婴幼儿大脑发育的重要环节，血浆色氨酸浓度已被证明会影响睡眠模式。张一帆等（2022）研究表明补充 α–LA 和色氨酸的婴幼儿配方乳粉，能够增加血清和间脑组织中 5–HT 及其代谢产物的含量，增加大脑色氨酸的供应，提高血清素的合成和释放，改善新生儿睡眠，对神经发育有潜在的健康益处。Steinberg 等（1992）研究发现提高膳食中色氨酸的水平后，婴幼儿的睡眠潜伏期较短，进入活跃快速眼动期和安静睡眠的时间更快。Nielsen 等（2020）以早产仔猪为模型，补充 α–LA 后发现，仔猪睁眼、第一次站立和第一次行走所需的时间更短，且在高架迷宫和野外试验等行为学试验中均显示出仔猪的焦虑感下降。Kelleher（2003）和 Yi（2021）等在幼龄恒河猴上的临床研究表明，添加 α–LA 的婴幼儿配方乳粉能够促进铁和锌的吸收利用，满足婴幼儿对色氨酸和锌的需求。锌是中枢神经系统发育所必需的矿物质元素，已被证明参与神经发生、神经迁移、突触发生，存在于许多参与大脑生长发育的酶中，对神经信号的传递十分重要。锌能够提高婴幼儿的认知能力、注意力以及信息处理能力，缺锌会导致早期胎儿神经发育受损。

婴幼儿口服色氨酸已被证明可以增加尿液中血清素和褪黑激素的水平，与大鼠的研究结果类似，夜间服用色氨酸可以增加血清素和褪黑激素的循环浓度。色氨酸对于婴幼儿觉醒 / 睡眠周期的同步是必需的，并且夜间喂养补充色氨酸的配方奶可以显著改善觉醒 / 睡眠周期的发育。在婴幼儿中进行的研究很少，因为婴幼儿的睡眠特征与成人有所不同，据报道，服用色氨酸可以减少睡眠潜伏期（入睡所需的时间），延长快速眼动睡眠（大多数梦发生时）和慢波睡眠（即深度睡眠）时间，并提高睡眠效率（睡眠总时间长度）（Aparicio 等，2007）。对喂养富含 α-LA 配方奶粉的婴幼儿进行的研究表明，必需氨基酸的血浆谱与母乳喂养中观察到的相似。

α-LA 由于富含色氨酸，能够提高婴幼儿的睡眠质量、改善婴幼儿情绪，同时能促进铁和锌的吸收，对于婴幼儿早期的大脑发育及认知功能的完善具有潜在作用和益处。

3.2.4 α-乳白蛋白对胃部发育的影响

婴幼儿的胃相对较小且呈水平位，出生第 1 天的婴幼儿胃容积仅有 3 ～ 7 mL，胃蛋白酶含量平均约为 0.04 mg/mL；2 ～ 3 个月龄时胃蛋白酶的分泌量达到 0.28 mg/mL，仅为成人分泌水平的 47%。研究表明，喂养母乳的足月婴儿在喂养后不久，胃内的平均 pH 值显著升高，并在母乳摄入后的 30 min 内达到 6.4，之后胃 pH 值随时间逐渐下降（Chatterton 等，2004）。在高 pH 值的胃部环境下，胃蛋白酶原转化为胃蛋白酶的水平以及胃蛋白酶的活性受到抑制，且母乳在婴幼儿胃内停留时间短，胃只能完成少部分的蛋白质消化。目前有许多相关的研究表明 α-LA 对婴幼儿胃的发育具有积极作用。

Ushida 等（2003）报道 α-LA 能够保护幼鼠的胃黏膜组织，口服 α-LA 有助于提高胃组织中的内源性前列腺素水平，而前列腺素能够刺激黏液生成和碳酸氢盐分泌，增加黏膜表面疏水性，在保护新生儿胃黏膜中起着核心作用。此外，α-LA 能够增加胃液中的胃黏蛋白含量，有助于胃黏膜的修复，促进胃黏膜细胞的增殖，能够有效地抵抗外界刺激因子对黏膜的损伤，延迟胃的排空并且抑制胃的过度收缩。在体外培养小鼠胃肠道上皮细胞系 RGM 细胞中补充 α-LA，能够以剂量依赖性增加其黏蛋白的分泌；在体内试验中 α-LA 能增加胃窦黏膜中黏液凝胶层的厚度，减轻炎症损伤（Ushida 等，2007）。但具体的保护机制以及对婴幼儿胃部发育的影响仍需要进一步探究。有研究表明，补充 α-LA 后血清中胰高血糖素样肽 -2（glucagon-like peptide-2，GLP-2）浓度显著增加，GLP-2 能促进胃对营养物质的吸收利用，是幼年动物消化道生长发育的重要激素。α-LA 可以在胃环境中与生物活性成分、矿物质等形成复合结构，促进幼龄动物对营养成分的吸收利用。给小鼠补充饲喂 α-LA 后，能够提高门静脉及胃中钙和磷浓度，改善了食物中钙磷的利用率（Pantako 和 Amiot，2001）。母乳中可溶性白细胞分化抗原 14（soluble leukocyte differentiation antigen 14，sCD14）的平均质量浓度为 25 ～ 50 μg/mL，牛乳中的 sCD14 蛋白浓度仅有 5 ～ 11 μg/mL，低于母乳。Spencer 等（2010）在体外试验中发现 sCD14 能够降低大肠杆菌的生存能力，刺激细胞因子产生来降低细菌脂多糖对机体的消极影响。食物中 sCD14 的主要存在于上消化道，研究表明 α－LA 能够形成纳米结构，延长 sCD14 在消化道的停留时间。

婴幼儿的胃部从物理水平和化学水平来看，具有发育不成熟、功能不完善的特点。α－LA 能够保护胃黏膜，促进胃组织中前列腺素和黏蛋白的分泌，减少外界刺激物的损伤，对于改善婴幼儿早期胃部敏感脆弱、消化功能不成熟具有重要作用。

α－LA 是哺乳动物和人类乳汁中的一种钙结合蛋白，占母乳总蛋白质的 20% ～ 25%，其结构与溶菌酶相似，含有丰富的赖氨酸、亮氨酸、异亮氨酸、半胱氨酸和色氨酸等必需氨基酸，具有多种营养保健功能，在食品生产中具有广阔的应用发展前景，受到大众广泛的关注。

α－LA 最常被研究的用途是作为与母乳更相似的婴幼儿配方奶粉的成分，以及作为增强成人睡眠或改善情绪的补充剂。富含 α－LA 的低蛋白婴幼儿配方乳粉能够保证婴幼儿体格的正常发育，减轻蛋白质代谢负担；α－LA 能满足大脑对色氨酸的需求和锌的吸收利用，促进神经系统发育，能够促进胃肠道黏膜完善和功能发育，提高对营养物质的吸收利用率。α－LA 作为乳清蛋白的主要成分，应用于成年人运动后增肌的保健食品中，可以提高肌肉蛋白质合成速度，同时刺激运动后的骨骼肌蛋白质合成。此外，长期饮用富含 α－LA 的补充剂会对骨骼健康产生积极的影响，有利于骨骼的发育和健康。

3.3 α－乳白蛋白的生物学功能

3.3.1 抗炎

α－LA 是一种乳清球状蛋白，占母乳总蛋白的 1/3 以上，由乳腺上皮细胞产生，参与乳糖生物合成，对于产奶至关重要。它是人乳中主要的乳清蛋白，在氨基酸序列上与牛亚型具有很高的同源性（72%）。α-LA还因其自身的氨基酸组成成分而具有很高的营养价值，是生物活性肽和必需氨基酸的重要来源，包括色氨酸、赖氨酸、支链氨基酸和含硫氨基酸，在婴儿营养和人类健康中发挥着核心作用（Krissansen等，2007；Cross等，2000）。其中，相对丰富的色氨酸对神经系统和行为结果产生影响，半胱氨酸对于谷胱甘肽（一种抗氧化剂和抗炎酶）的合成至关重要，亮氨酸在蛋白质积累和骨骼肌生长中有重要作用。此外，α-LA因其独特的氨基酸组成而被认为能够优化免疫功能，其最典型的作用可能是刺激谷胱甘肽和谷氨酰胺的产生。谷胱甘肽由半胱氨酸、谷氨酸和甘氨酸合成，在保护细胞免受氧化应激方面发挥着重要作用。谷氨酰胺是由支链氨基酸分解代谢在骨骼肌中产生的，是免疫系统的重要刺激因素。谷胱甘肽在人体清除活性氧的能力中发挥着核心作用，并且在信号转导、基因表达、细胞凋亡和一氧化氮代谢中也发挥着多种作用。谷胱甘肽的消耗在多种身体应激条件下都可以观察到，从剧烈运动、衰老到癌症、神经退行性疾病、囊性纤维化和艾滋病毒感染等病理学（Wu等，2004）。补充乳制品（即牛奶或酸奶）（Choi等，2015）或α-LA（Bounous等，1989）的饮食，可以增加组织中的谷胱甘肽的水平。

在感染的体液免疫反应的动物研究中，与其他膳食蛋白（即大豆、酪蛋白或小麦）相比，α-LA已被证明可以增强抗体的产生（Bounous等，1982）。同时，有研究表明，摄入α-LA可以以剂量依赖性反应增加肝脏谷胱甘肽水平，并且可以增加寄生虫感染小鼠的总白细胞计数和淋巴细胞计数（Mariotti等，2004）。Yamaguchi等（2009）报道，占乳清蛋白20%的α-LA通过抑制大鼠中的环氧合酶2（cyclooxygenase-2，COX-2），对佐剂诱导的关节炎具有抗炎作用。膳食α-LA还抑制肠道缺血/再灌注大鼠促炎细胞因子的释放（Yamaguchi等，2007）。此外，一项对大鼠进行的研究，在高糖餐期间给予富含α-LA的乳清浓缩物或全乳蛋白，无论是否补充半胱氨酸，结果表明，a-LA和半胱氨酸补充均可增加谷胱甘肽浓度并改善葡萄糖稳态（Blouet等，2007）。与以往研究发现的抗炎分子相比，a-LA具有以下优点：① 来源稳定；② 绿色、安全；③ a-LA

每天可以大量摄入。例如，Zhang 等（2022）发现 a-LA 可以减轻 H_2O_2 诱导的体内外炎症细胞因子释放和氧化应激。此外，之前的研究还报道了 α－乳清蛋白在其他试验模型中表现出抗炎和抗氧化应激作用。同时，牛奶中的 a-LA 可以抑制结肠炎症。总之，a-LA 在体内和体外都表现出良好的抗炎作用，提示 a-LA 可用于作为抗炎功能食品。

3.3.2 抗肿瘤

由于 α-LA 具有较好的水溶性和热稳定性的物理特性，食品中添加 α-LA 可以提高蛋白质含量。研究表明，口服给药时，与在胃环境中沉淀的所有其他蛋白质不同，α-LA 以不变的形式通过胃，并且是肠道水平的胰酶（胃蛋白酶、胰蛋白酶和胰凝乳蛋白酶）的底物。从 α-LA 蛋白水解消化获得的生物活性肽具有多种生物作用：抗菌、抗炎（Bullen 等，1975）、抗高血压（Saito 等，2008）、免疫调节（Li 等，2015）和抗肿瘤（Legrand 等，2016）。

预计癌症将成为 21 世纪世界各国的首要死因，也是延长预期寿命的最重要障碍。统计数据表明，肺癌是癌症死亡的主要原因（占癌症死亡总数的 18.4%），紧随其后的是结直肠癌（9.2%）、肝癌（8.2%）和胃癌（8.2%）的死亡率（Khazaei，2019）。全球癌症发病率和死亡率快速增长，癌症的预防和治疗变得至关重要，抗肿瘤药物的研发势在必行。牛奶和乳制品被广泛推荐为健康饮食的一部分，含有多种功能蛋白、不饱和脂肪酸、微量元素等（Khazaei，2019）。在多项研究中，牛奶和乳制品被证明在癌症预防中发挥着关键作用，特别是在小鼠腺癌和结直肠模型中（Tsuda 等，2000），并且观察到脱脂牛奶的消费与结肠癌、直肠癌、乳腺癌和卵巢癌之间呈负相关（Gallus 等，2006）。同时，定期摄入牛奶可以降低结直肠癌和膀胱癌的风险，这可能与乳制品的营养成分有关（Lampe 等，2011）。α-LA 是主要的乳清蛋白之一，也是一种高度丰富的蛋白质，存在于所有哺乳动物的乳汁中。该蛋白质属于溶菌酶超家族，主要功能是在生物体内分解细菌细胞壁，起到防御和保护作用。Li 等（2019）对乳中乳铁蛋白、α-LA 和 β－乳球蛋白在抗肿瘤活性的研究与比较中发现，乳铁蛋白可能是抑制结肠癌和乳腺癌生长的潜在抗肿瘤药物，α-LA

可能对肺癌和肝癌的生长具有治疗作用，并进一步验证了这些蛋白都可以通过诱导细胞凋亡来抑制肿瘤的生长，其抗肿瘤机制，可能与 α－LA 以及 α－LA 与油酸的复合物可以通过诱导肿瘤细胞凋亡抑制肿瘤生长有关（Svensson，2000；Zhang，2009；Fang，2017）。

与此同时，α－LA 还能够提高谷胱甘肽浓度并增强免疫力，再加上独特的抗肿瘤复合物（Human alpha–lactalbumin made lethal to tumor cells，HAMLET）人类 α－乳白蛋白的发现，促使科学家们研究乳白蛋白在癌症治疗中的潜在用途。在一项针对小鼠的早期研究中，Bounous 等（1985）报道，与标准酪蛋白饮食相比，用浓缩 α－LA 配制的饮食可降低化学诱导的结肠肿瘤的发生率和大小。α－LA 的抗癌特性也已在二甲基苯并蒽诱发的大鼠乳腺肿瘤中得到证实。Hakkak 等（2000）发现食用 α－LA 的动物比饲喂酪蛋白或大豆饮食的动物的肿瘤发生率较低，并推测 α－LA 的有益作用可能与组织谷胱甘肽水平或活性肽水平增强有关。例如，Kent 等（2003）使用了人类前列腺细胞系进行研究，并表明用水解 α－LA 分离物或半胱氨酸供给化合物（N－乙酰半胱氨酸）处理细胞可增加细胞谷胱甘肽浓度，并保护细胞免受活性氧和前列腺上皮细胞死亡的影响。

HAMLET 复合物是 α－LA 和油酸的蛋白质－脂质复合物，是一种有效的抗癌剂，可高选择性地杀死大约 50 种癌细胞类型，同时在体外和体内健康细胞基本上不受影响（Rammer 等，2010）。同样，抗肿瘤复合物（Bovine alpha–lactalbumin made lethal to tumor，BAMLET）是一种牛 α－LA 和油酸的复合物，对肿瘤具有致命性。HAMLET 和 BAMLET 似乎都能穿透细胞膜并触发溶酶体细胞死亡的途径。α－LA－油酸复合物（例如 HAMLET 和 BAMLET）可能通过杀死对细胞凋亡具有高度抵抗力的肿瘤细胞而发挥抗肿瘤作用（Rammer 等，2010；Ho 等，2017）。HAMLET 在体内模型中直接给药时显示出治疗效果。在诊断为浅表性膀胱癌的患者中，将 HAMLET 局部注射到膀胱中可缩小肿瘤细胞大小并增加肿瘤细胞凋亡（Mossberg 等，2007）。动物研究也证明了类似的结果，在患有膀胱癌的小鼠中，局部施用 HAMLET 可以缩小肿瘤大小并延缓肿瘤发展（Mossberg 等，2010）。在移植了人胶质母细胞瘤细胞的大鼠中，局部输注 HAMLET 可以延缓肿瘤发展，并且 HAMLET 复合物似乎会穿透肿瘤，引发细胞凋亡（Fischer 等，2004）。最后，在一项使用结肠癌小鼠模型的研究中，研究人员发现口服 HAMLET 可以显著减少肿瘤大小和息肉数量（Puthia 等，2014）。总而言之，α-LA 在癌症治疗中的潜在用途仍处于实验阶段，但值得继续研究。

3.3.3 缓解非酒精性脂肪肝和肝硬化

非酒精性脂肪性肝病（Non-alcoholic fatty liver disease，NAFLD）以不饮酒的情况下肝内甘油三酯含量升高为特征，已被认为是代谢功能障碍的肝脏表现（Fabbrini，2010；Feng，2017）。NAFLD 可进一步发展为肝纤维化、肝硬化和肝细胞癌，并与肥胖、胰岛素抵抗、2 型糖尿病、血脂异常和高血压等代谢合并症相关（Duan 等，2018；Younossi 等，2016；Zhang 等，2017）。根据最近的流行病学研究，全球 NAFLD 患病率约为 25%，NAFLD 患者中非酒精性脂肪性肝炎患病率约为 59%（Younossi 等，2016）。因此，NAFLD 已成为全球公共卫生负担。肥胖患者的免疫系统组成部分发生改变，最明显的变化发生在脂肪组织、肝脏、胰岛、脉管系统和循环白细胞中（Donath 等，2011）。这些免疫学变化包括特定细胞因子和趋化因子水平的改变、各种白细胞群数量和激活状态的变化以及细胞凋亡和组织纤维化的增加。总之，这些变化表明炎症参与了 NAFLD 的发病机制。

迄今为止，尚未建立治疗 NAFLD 的有效药理学方法。一些药物，如胰岛素增敏剂、抗氧化剂、降脂药、己酮可可碱和双水杨酸等非甾体抗炎药，已被提议用于改善 NAFLD 和糖尿病。但长期服用这些药物具有不良副作用，包括体重增加、全因死亡率增加、恶心和呕吐，这限制了它们的应用（Takahashi，2015）。最近，食品衍生的天然产品被提议作为治疗 NAFLD 的重要替代选择。在之前的研究中，食物来源的天然产物，如大豆异黄酮、杨梅素、多酚和蛋白质水解物，被认为可以缓解饮食诱发的 NAFLD 啮齿动物的肝脏脂肪变性、炎症和氧化应激（Chang 等，2017；Schoemaker 等，2017；Tan 等，2017；Wang 等，2018；Xia 等，2016）。在这些天然产物中，蛋白肽（水解产物）因其广泛的功能和高安全性而越来越受到认可（Li 等，2018；Udenigwe 等，2014）。牛 α-乳白蛋白是牛奶中第二种主要乳清蛋白，具有多种生物活性，例如减轻炎症、调节葡萄糖代谢、减轻氧化应激和抑制二肽基肽酶 4 活性（Blouet 等，2007；Nongonierma 等，2016；Yamaguchi 等，2014）。Gao 等（2019）也进一步对牛 α-乳白蛋白水解物对 NAFLD 的保护作用进行了机制研究，发现牛 α-乳白蛋白水解物（α-LAH）显著逆转了 C57BL/6J 小鼠中由 HFD 引起的体重增加、组织重量、血清脂质、肝损伤标志物和血清促炎细胞因子的增加。牛 α-LAH 还可以改善喂食 HFD 的小鼠肝脏中的脂肪积累和氧化应激，下调 PPARγ 相关基因表达，并上调肝脏中 PPARα 相关基因表达。这些发现表明，牛 α-LAH 可有效减轻 HFD 诱导 C57BL/6J 小鼠的 NAFLD。

水解乳清分离蛋白的主要蛋白质释放的生物活性肽，即 α-LA 或 β-乳球蛋白的肽，刺激了益生菌的生长（Kafley 等，2010）。乳白蛋白水解物抑制了 LPS 刺激的 IL-8 通过减少 LPS 与 TLR4 的结合并促进细胞外抗氧化能力，在体外分泌 α-LA 水解物（Iskandar 等，2013）。α-LA 水解物还可以降低遗传性肥胖小鼠的体重增加，有研究表明，牛 α-LA 水解物（α-LAH）可以减轻 HFD 诱导的肥胖小鼠的脂肪炎症和胰岛素抵抗。越来越多的证据表明，肠道微生物群失调在肥胖和肥胖相关慢性炎症状态的发病机制中发挥着重要作用（Han 等，2014）。研究显示，与肥胖抗性大鼠相比，有肥胖倾向大鼠的肠道 TJ 蛋白表达减少，肠道屏障功能受到破坏（De 等，2010），表明肥胖相关的肠道微生物群失衡与炎症和肠道屏障功能的变化有关。Li 等（2019）研究表明，牛 α-LA 水解物通过增加 HFD 喂养的小鼠中 S24-7、Lachnospiraceae、Blautia 的相对丰度以及拟杆菌门 / 厚壁菌门的比例来调节肠道微生物群的分布，降低了 HFD 喂养小鼠血清中 LPS 和促炎因子的水平，恢复了 TJ 蛋白的表达，并降低了 HFD 喂养小鼠结肠组织中 G 蛋白偶联受体（G protein-coupled receptor 43，GPR43）和 GPR41 的蛋白表达。总而言之，α-LA 水解物可能是一种有效的膳食补充剂，可以对抗 HFD 引起的肠道屏障功能障碍、微生物区系失衡和炎症，这些都与改善肠道微生物群有关。

肠道和肝脏之间密切且相互关联，对于身体的防御非常重要，被称为肠-肝轴。大约 75% 的肝脏血流从肠道通过门脉血管。肝脏不仅暴露于消化和吸收的产物，还暴露于来自肠道的分子，包括 LPS 等细菌成分（Brandl 等，2017）。当肠道屏障功能受损、通透性增加时，肝脏会暴露于来自肠道的炎症物质、有毒物质和细菌，引起肝炎和肝硬化（Lu 等，2012；Usami 等，2015；Malaguarnera 等，2014）。据报道，肝硬化患者的肠黏膜存在结构和功能改变，因此细菌及其产物的肠道通透性增加（Bellot 等，2013）。另外，肝损伤的进展增加了促炎细胞因子的产生，包括 TNF-α 和 IL-6（Schwabe 等，2006），这些炎症细胞因子增强肠道通透性。反过来，肠道通透性增强导致血浆内毒素增加，促进肝硬化并进一步释放促炎细胞因子，进一步增加肠道通透性（Szabo 等，2015）。因此，打破这种前馈机制的临床干预将促进肠道屏障的维持，从而预防或减轻肝病。

细菌从胃肠道通过肠上皮进入体内称为细菌易位。COX-2 抑制剂（Gao 等，2016）、多糖（Luo 等，2018）和胰岛素生长因子 1（Lorenzo 等，2006）等几种有助于维持肠上皮屏障的化合物具有通过抑制细菌移位来改善肝硬化的潜力。乳白蛋白可在体外和体内增强肠道屏障功能。在肝脏疾病中，发现 α-LA 通过一氧化氮介导的机制抑制二甲基亚硝胺诱导的肝纤维化（Fukawa 等，2017）。α-LA 具有 COX-2 抑制活性，另外，Fukawa 等（2020）对于饮食中 α-LA 对肠－肝轴的影响机制进行了研究，发现 α-LA 可改善肠道屏障功能，抑制内毒素水平，进而改善肠肝轴的损伤，抑制肝硬化的发展。

3.3.4 缓解糖尿病

2 型糖尿病是一种代谢性疾病，其特征是胰岛素抵抗和相对胰岛素缺乏情况下的高血糖。已知许多生活方式对 2 型糖尿病的发生很重要，包括：肥胖（定义为体重指数大于 30）、缺乏体力活动、不良饮食、压力和城市化（Melmed 等，2015）。饮食因素也会影响发生 2 型糖尿病的风险，过量饮用含糖饮料会增加风险（Malik 等，2006）。2 型糖尿病患者的免疫系统组成部分发生改变，主要发生在脂肪组织、肝脏、胰岛、脉管系统和循环白细胞中（Donath 等，2011）。

双水杨酸是水杨酸盐的一种非乙酰化前药，在多项临床研究中显示出通过减少炎症来降低血糖浓度的潜力（Goldfine 等，2008）。然而，长期使用非甾体抗炎药预防糖尿病会产生副作用（Bjarnason 等，1993）。另外，美国糖尿病协会建议每天摄入两到三份低脂牛奶（或其他低脂乳制品，如奶酪和酸奶）："在饮食中加入乳制品是获取钙和优质蛋白质的简单方法。"与混合膳食一起供应时，奶制品能够增强胰岛素反应。牛奶是哺乳动物最古老的功能性食品之一，从出生起，哺乳动物就依靠母乳获取营养和免疫保护。科学家们开始了解牛奶的各种成分，包括乳清，以及它们如何影响健康和疾病。α-LA、β-乳球蛋白和乳铁蛋白是牛乳乳清的主要蛋白质成分，已知具有多种药理功能，如抗氧化（Brown 等，2004）、抗高血压（Saito 等，2008）、降血脂（Keri 等，2004）、抗病毒和抗肿瘤（Neurath 等，1996）。研究已证实口服牛乳来源的 α-LA（300 mg/kg）通过抑制 COX-2 在大鼠中发挥抗炎活性（Yamaguchi 等，2007）。

在 2 型糖尿病动物模型中，慢性炎症起着病因作用。免疫系统的慢性激活会导致胰岛素敏感性降低，这可能是导致 2 型糖尿病的发病机制。目前的结果表明，慢性炎症反应通过诱导 COX-2 和 PGE2 参与胰腺 β 细胞的减少，从而导致对 2 型糖尿病的易感性增加（Robertson 等，1998）。虽然 COX-2 在大多数组织中是一种诱导酶，但已显示可在胰岛中表达。因此，启动子多态性引起的 COX-2 表达基础水平的增加可能通过抑制胰岛 β 细胞的更新能力来增强对 2 型糖尿病的易感性。但也有报道称 GK 大鼠胰腺的病理生理变化从胎儿晚期就开始发生，与 Wistar 大鼠对照组相比，GK 胎儿表现出较高的血浆葡萄糖水平和较低的血浆胰岛素水平（Movassat 等，1997）。从这些结果来看，α-乳白蛋白对成年 GK 大鼠葡萄糖不耐受的改善作用可能轻微地由抑制 PGE2 引起。抑制前列腺素的产生可能有助于预防糖尿病并发症，如周围神经病变、心血管疾病和肾衰竭。

从牛奶蛋白、大豆蛋白或海鲜水解物中可以分离出多种生物活性肽。α-LA 是牛乳乳清中第二丰富的蛋白质，由 123 个氨基酸残基组成，形成由四个二硫键稳定的紧凑球状结构（Lin 等，2010）。α-LA 水解产生的肽具有生物活性，例如作为血管紧张素-I-转换酶抑制剂、抗氧化剂或抗菌剂（Lacroix 等，2016；Sadat 等，2011；Sedaghati 等，2018）。最近的研究表明，α－LA 水解物显示出二肽基肽酶 IV 抑制活性，可能具有改善血糖和缓解 2 型糖尿病的潜力（Sedaghati 等，2018）。此外，在之前的研究中，牛 α－乳白蛋白产生的碱性酶水解产物可降低 C57BL/6J 小鼠高脂饮食（high-fat diet，HFD）诱导的高血糖和高胰岛素血症，从而改善胰岛素抵抗（Gao 等，2018）。

非甾体类抗炎药可以缓解许多患有关节炎、炎症或其他疾病的患者的症状；然而，这些药物的益处必须与其使用相关的上消化道副作用相平衡（Movassat 等，1997）。通过抑制 COX-1，NSAID 会增加消化性溃疡发生和出血的风险。另外，有报道称，与 COX-1.15 相比，α－LA 对 COX-2 表现出选择性。此外，α－LA 通过刺激胃黏液产生细胞中黏蛋白并强化黏液凝胶层，且这种增强作用与内源性 PGE2 无关（Ushida，2007）。这些结果表明 α－LA 减少了动物胃肠道副作用。

3.3.5 缓解多囊卵巢综合征

多囊卵巢综合征（polycystic ovary syndrome，PCOS）是一种内分泌代谢紊乱性疾病，其病因和病理生理学复杂。研究发现，PCOS 患者肠道微生物群的变化与一些临床代谢参数之间存在密切关联，表明微生物群的改变可能在该综合征的发病机制中发挥关键作用（Parker 等，2022）。大量研究表明，微生物群组成的改变（称为菌群失调）会影响关键过程，导致慢性疾病，如炎症性肠病、2 型糖尿病、肥胖，最终导致 PCOS（Tamboli 等，2004）。PCOS 主要以三个临床表现为特征，包括月经失调、雄激素过多症和多囊卵巢。然而，除了这些典型的症状外，大多数受影响的患者还表现出胃肠道生态失调，这是触发多囊卵巢综合症发展的机制之一。PCOS 相关的胃肠道生态失调包括微生物群 α 多样性的减少和 β 多样性的变化。这种变化反映了微生物群落组成的变化，以及厚壁菌门和拟杆菌门等特定门的相对丰度的差异（Torres 等，2018）。

饮食引起的和肥胖引起的生态失调均可引发 PCOS 的发展（Qi 等，2019）。肠道微生物群在 PCOS 发病机制中的作用，针对微生物群的治疗策略的使用变得越来越重要。α－LA 由于其益生元活性，可以调控肠道菌群，预防或恢复生态失调和相关代谢效应。最近一项评估 12 项随机对照研究的荟萃分析表明，使用某些细菌菌株，包括 α-LA（嗜酸乳杆菌、短双歧杆菌、长双歧杆菌和婴儿双歧杆菌）刺激的菌株，与 2 型糖尿病患者糖化血红蛋白和 HOMA-IR（胰岛素抵抗稳态模型评估）的显著改善相关（Yao 等，2017），这表明 α-LA 在恢复机体代谢参数方面具有积极作用。事实上，α-LA 刺激的双歧杆菌和有益肠道菌群会产生短链脂肪酸（SCFA），例如丁酸和乙酸，这可能对血糖产生积极影响并改善胰岛素抵抗（Zhang 等，2021）。总体而言，益生菌和益生元治疗对 PCOS 女性的代谢和激素参数表现出有益的影响，证实了考虑将其作为 PCOS 新的额外治疗选择的可能性。α-LA 的益生元作用具有恢复改变的微生物群组成、改善胰岛素抵抗和缓解肠道炎症的能力，从而为其改善 PCOS 患者代谢表型的用途增添了新的视角。因此，考虑到 α-LA 对肌醇抵抗的影响及其在调节 PCOS 多个方面的广泛活性，α-LA 可以满足 PCOS 患者对多向治疗方法的需求。

4 乳中 α－乳白蛋白的应用

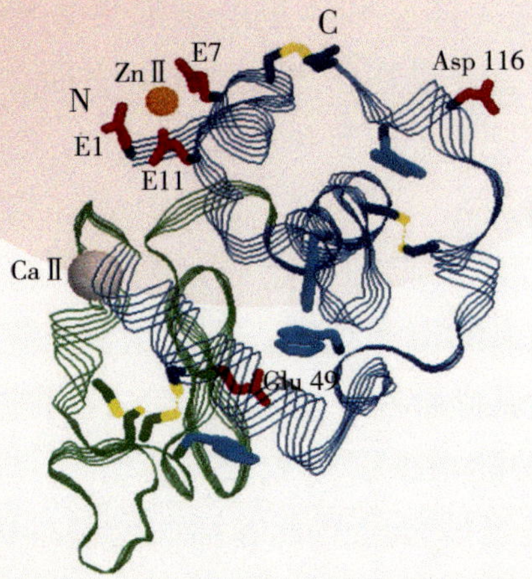

基于 α-LA 独特的氨基酸组成和物理特性，α-LA 具有多种应用的潜力：①作为婴儿配方奶粉的成分，使其与母乳更相似；②作为功能性食品的成分，发挥生物活性功能，促进胃肠道健康、调节神经功能等，改善和治疗睡眠和抑郁症等疾病；③作为凝胶剂、发泡剂等的替代物，用于食品工业、制药等领域。

4.1 α-乳白蛋白在婴儿配方奶粉中的应用

母乳是婴儿天然的营养食品，含有婴儿所需的营养素和特定生物活性成分，如生长因子、免疫因子和酶等，为婴儿供应均衡的营养，对婴儿的消化系统的完善、免疫系统的建立、肠道菌群的定植等均起着重要的作用，实现婴儿最优的健康状态、生长和发育（黄佳露，2022）。试验表明，母乳喂养的婴儿在短期和长期追踪观察中均优于配方奶粉喂养的婴儿。与母乳喂养相比，配方奶粉喂养婴儿的生长模式不同，这一点在 3 ～ 6 月龄婴儿的生长过程中尤其明显，表现为体脂和体重的增加更多，血清氨基酸、胰岛素和血尿素氮的浓度更高，并且在肠道微生物群方面，也表现出显著的差异。这些差异可能与晚年肥胖、1 型和 2 型糖尿病、心血管疾病等风险较高相关（Lönnerdal，2014）。

牛乳因其产量高、来源广、价格实惠的特点成为配方奶粉的主要原料，牛乳基配方奶粉也拥有目前最大的市场规模。母乳是婴儿配方奶粉的黄金标准，但配方奶粉的组成与母乳尚存在一定的差异，这可能会影响后续乳蛋白的消化特性和消化后的功能活性，导致婴儿营养不良和发育障碍。不同国家的婴儿配方奶粉会以当地母乳的营养结构为基础进行研发，以获得类似于母乳的营养成分。然而，组成母乳的营养物质和生物活性物质十分复杂，具有独特的消化率和生物利用度，因此难以复制，导致婴儿配方奶粉的最佳成分仍然未知。一个更优和更好实现的目标是努力使配方奶喂养婴儿的表现与母乳喂养婴儿的表现更相似。为了实现这一目标，需要改变配方奶粉中营养物质的浓度及其来源，探索母乳生物活性成分的安全替代来源，并尽可能加入婴儿配方奶粉中（表 4.1）。蛋白质的母乳化是婴儿配方奶粉模拟母乳研究的重要组成部分。

表 4.1　人乳和牛乳中的蛋白质种类及含量（刘翠等，2019）

种类		母乳	牛乳
酪蛋白（%）	α_s－酪蛋白	11.75	48.46
	β－酪蛋白	64.75	35.77
	κ－酪蛋白	23.50	12.69
乳清蛋白（%）	β－乳球蛋白	–	20.10
	α－LA	42.37	53.59
	免疫球蛋白	18.15	11.73
	血清球蛋白	7.56	6.20
	乳铁蛋白	30.26	8.38
	溶菌酶	1.66	微量
免疫蛋白（μg/ 100 mL）	IgA	1 000	140
	IgM	100	50
	IgG	40	590

母乳、牛乳以及牛乳基婴儿配方奶粉之间乳清和酪蛋白含量和组成的差异导致氨基酸组成的不同，引起蛋白质合成速率的差异。在婴儿生长过程中，所有氨基酸必须以合适的比例存在于饮食中，即使某种必需氨基酸以次优浓度存在，新生儿的生长速度和发育也会受到影响。如果婴儿没有母乳喂养，替代喂养系统必须提供至少等量的氨基酸。以总蛋白质的比例表示时，牛乳中色氨酸和半胱氨酸浓度约为母乳浓度的一半。因此，为了弥补必需氨基酸的差异，配方奶粉中通常添加超过母乳量的蛋白质，以满足新生儿对所有必需氨基酸的需求。但研究表明，添加过量蛋白质的配方奶粉可以满足婴儿所有必需氨基酸的需求，但与母乳喂养的婴儿相比，配方奶粉喂养的婴儿对蛋白质的摄入增加，血浆氨基酸、血尿素氮和血清胰岛素浓度显著提高（Räihä 等，1995）。因此，降低婴儿配方奶粉的蛋白质含量可能对婴儿的氨基酸和胰岛素代谢方面有益。

目前，市场主流的牛乳基婴儿配方奶粉以酪蛋白为主要蛋白质，这与母乳以乳清蛋白为主不同。通过添加乳清蛋白浓缩物，调整婴儿配方奶粉中乳清：酪蛋白的比例，使此比值与母乳相似（60∶40）。但即使如此，婴儿配方奶粉与母乳的蛋白质组成仍存在很大差异，这种差异很大程度上是由于在母乳中含量高、在牛乳中含量较低的 α-LA 造成的。在婴儿配方奶粉中添加氨基酸组成更加平衡的 α-LA，在降低总蛋白质浓度的情况下增加色氨酸等必需氨基酸的浓度，可以使婴儿的血浆氨基酸模式与母乳喂养婴儿的更相似，并能发挥 α-LA 在抗菌活性、增强免疫功能、益生元功能、提高微量元素吸收等方面的生物活性。

随着乳品加工技术的发展，使从牛奶中分离出更高浓度的 α-LA 的乳清蛋白组分得以实现，这为开发改进的配方蛋白质系统提供了一个更具吸引力的途径。与全脂牛奶相比，α-LA 含有更高浓度的色氨酸、赖氨酸和半胱氨酸等必需氨基酸，除了蛋白质合成外，这些氨基酸还具有重要的生物活性作用。色氨酸是神经递质 5-羟色胺的前体，其浓度可能会对有意识的行为和睡眠状况有影响。半胱氨酸是谷胱甘肽的组成成分，与保护机体组织防止过氧化损耗有关，是新生儿抗氧化系统的重要组成；半胱氨酸还是合成牛磺酸的前体物质，这是一种属于胆汁盐成分的氨基酸，不参与合成蛋白质，可能在大脑发育过程中发挥作用（Räihä 等，1995）。

Sandström 等（2008）在瑞典开展了一项对照、双盲、随机的研究，招募了 96 名（6±2）周龄健康、妊娠期为 36 ～ 42 周、出生体重在 2 500 ～ 5 000 g 的婴儿，并分别用以乳清为主的标准婴儿配方奶粉（含 11% α-LA）和富含 α-LA 的婴儿配方奶粉（含 25% α-LA）进行喂养，所有配方奶粉的蛋白质浓度均为 13 g/L、1.95 g/100 kcal。他们的研究发现，婴儿对富含 α-LA 的配方奶粉耐受性良好，没有引起不良反应。试验过程中，富含 α-LA 配方奶粉组的婴儿每天摄入的配方奶粉量少于标准配方奶粉组的婴儿，尽管这种差异没有达到统计学意义。但在生物学上，富含 α-LA 配方奶粉组婴儿的生长模式与母乳喂养的婴儿之间没有显著差异，而标准配方组婴儿体重明显增加，血浆胰岛素浓度在三组中最高。作者指出，尽管喂养标准配方奶粉的婴儿体重增加的原因尚不清楚，但由于蛋白质摄入量的增加，血浆中支链氨基酸（亮氨酸、缬氨酸和异亮氨酸）的浓度升高，并且这些支链氨基酸已被证明在 4 月龄时具有合成胰岛素的功能。在血浆氨基酸模式方面，标准配方组除色氨酸外，所有必需氨基酸的血浆浓度较高，这表明将配方中蛋白质浓度降低到 <13 g/L 时，除血浆色氨酸（第一限制性氨基酸）浓度减少外，其他必需氨基酸浓度不会受

到影响。在不添加游离色氨酸、仅用 α–LA 替换部分蛋白质来增加配方中的色氨酸含量时，配方奶粉中色氨酸含量比母乳和标准配方多约 20%。用于喂养后发现，婴儿血浆色氨酸浓度与母乳喂养的婴儿没有显著差异。

除了 α–LA 外，β–酪蛋白（β–CN）也是母乳中的一种重要蛋白质，约占母乳酪蛋白的 68%。Huang 等（2022）研究了在乳清蛋白与酪蛋白比值为 60∶40 的前提下，利用婴幼儿体外消化模型研究不同 α–LA 和 β–CN 比例对牛乳基蛋白配方奶粉消化性的影响。作者以母乳作为参照，设置了 4 组试验组，分别是普通未作调整的配方（对照）、低比例配方（LMPF）、中比例配方（MMPF）、高比例配方（HMPF），不同配方的蛋白质组成见表 4.2，其中 MMPF 的 α–LA 和 β–CN 的比例与母乳（分别是 68% 和 36%）最为接近。结果显示在未消化样品中，MMPF 的氨基酸含量及必需氨基酸占总氨基酸的百分比与母乳之间无显著差异，强化 α–LA 和 β–CN 的含量有助于提高样品的必需氨基酸含量，使其与母乳更接近。并且，当样品中 α–LA 和 β–CN 强化到与母乳接近时，第一限制性氨基酸（Met+Cys）与母乳相同，必需氨基酸模式和蛋白质质量与母乳接近。在经体外消化后，MMPF 在胃消化阶段速率较快，在肠消化阶段蛋白水解度变化、游离氨基酸含量和消化产物主成分分析与母乳最为接近。作者在这项研究中强调了婴儿配方奶粉体外消化过程中 α–LA 和 β–CN 比例对蛋白质水解的重要性。α–LA 和 β–CN 的含量影响。在乳清蛋白与酪蛋白比值固定为 60∶40 的婴儿配方奶粉中，当 α–LA 和 β–CN 的比例与母乳非常相似时，蛋白质降解和消化模式与母乳更接近，这些发现可能为婴儿配方奶粉的开发提供有用的信息，使其更接近母乳。

表 4.2　四种乳蛋白配方奶粉的蛋白组成（Huang 等，2022）

成分	对照	LMPF	MMPF	HMPF
乳清蛋白∶酪蛋白	60∶40	60∶40	60∶40	60∶40
蛋白含量（%）	15.60	15.70	15.40	15.90
α–LA 含量（%）	11.33	25.11	34.75	53.08
β–CN 含量（%）	23.33	50.65	66.14	79.86

注：对照组为普通未作调整的配方；LMPF 为低比例配方；MMPF 为中比例配方；HMPF 为高比例配方。

Tinghäll 等（2023）进行了一项前瞻性、双盲、随机对照干预试验用以评估低蛋白配方奶粉对 2 ～ 6 月龄婴儿生长的影响。该研究共招募了 328 位健康的足月婴儿，分别喂养母乳、标准婴儿配方奶粉和富含高浓度 α-LA 的试验配方奶粉，并记录生长参数、饮食、粪便频率和状态、呕吐、胃痛、肠胃胀气等疾病发生情况，就诊或药物治疗情况，以及入睡时间和每日哭泣时间等。试验结果表明，喂养富含高浓度 α-LA 的低蛋白婴儿配方奶粉（蛋白质浓度降至 1.75 g/100 kcal，略低于欧盟规定的 1.8 g/100 kcal 的最低标准）时，对婴儿是安全且耐受良好的，无不良影响，可提供足够的用于生长的营养物质，婴儿表现出更接近母乳喂养婴儿的代谢特征，即增加 α-LA 的浓度使配方奶粉蛋白质更接近母乳。尽管喂食富含 α-LA 的低蛋白配方奶粉的婴儿和母乳喂养的婴儿在某些时间点的生长速度相似，但相比之下，喂食低蛋白配方奶粉的婴儿的总体生长仍然略高，血清中支链氨基酸、胰岛素样生长因子（IGF-1）、胰岛素和连接肽的浓度也表现出相同的趋势。因此，如果保持较高的蛋白质质量，婴儿配方奶粉中的蛋白质浓度可能能够进一步降低。

综合以上试验可知，α-LA 对婴儿来说是安全的，具有低致敏性，可以加入婴儿配方奶粉中。α-LA 的营养价值在于其高浓度的色氨酸、半胱氨酸、赖氨酸等必需氨基酸，可以改善婴儿配方奶粉的氨基酸比例，使其更接近母乳（Almeida 等，2021）。当用 α-LA 替换配方中部分蛋白质、制备低蛋白浓度婴儿配方奶粉时，与标准配方婴儿奶粉相比，可以避免婴儿超重，增加血浆中必需氨基酸浓度，降低支链氨基酸浓度，降低糖尿病、肥胖症等疾病的患病风险。此外，蛋白质结构中的半胱氨酸与免疫系统的功能有关（Nielsen 等，2020），高水平的色氨酸有助于改善婴儿的睡眠、情绪和认知发展。并且，α-LA 的钙特定结合位点也可能会被必需微量元素（如铁和锌）占据，进而增加婴儿对微量矿质元素的吸收。即使在配方中降低这些矿质元素的添加，也不会对婴儿造成显著影响。除营养功能外，α-LA 是生物活性肽的重要来源，可能与改善胃肠功能有关。有证据表明，这些益处可能来自生物活性肽、色氨酸和半胱氨酸，以及二硫键、糖基化等翻译后修饰（Layman 等，2018）。

4.2 α－乳白蛋白在疾病和功能性食品中的应用价值

色氨酸是哺乳动物的必需氨基酸，参与体内多种生理代谢过程，也是5-羟色胺、烟酰胺腺嘌呤二核苷酸、烟酸、褪黑激素、犬尿氨酸等重要生物活性物质的前体物（王洪荣等，2013）。这些物质被认为与癌症、儿童自闭症、心血管疾病、慢性肾病、认知能力下降、糖尿病、神经精神疾病、炎症性肠病、睡眠障碍等疾病相关，而色氨酸可用于改善或治疗这些疾病（Friedman 等，2018；Platten 等，2019）。

α-LA 作为一种富含色氨酸的蛋白质，表现出了与色氨酸相似的生物活性功能，并且这种功能可以通过在饮食中补充 α-LA 发挥出来。据估计，癌症将成为 21 世纪全球最主要的死亡原因，乳中的生物活性蛋白在预防癌症中起到关键作用（Tsuda 等，2000）。Li 等（2019a）在体内和体外构建了肺肿瘤、肠上皮肿瘤、肝细胞癌和乳腺癌等 4 种肿瘤模型用以评估 α-LA、β-乳球蛋白和乳铁蛋白 3 种乳中活性蛋白的抗肿瘤作用。他们的研究结果表明，α-LA 可以通过诱导细胞凋亡来抑制肿瘤生长和发展，对肺癌和肝癌的生长抑制作用最明显。在细胞迁移方面，α-LA 对于肺和结肠肿瘤的转移更有效果。因此，α-LA 等活性蛋白具有成为临床抗癌药物的潜力。

5-羟色胺与焦虑、抑郁等情绪障碍有关，其前体色氨酸也被建议用于抑郁症的治疗（Young 等，1996）。Markus 等（2005）研究发现，食用 α-LA 能够增加血浆中色氨酸的浓度，进而发挥色氨酸的生物活性功能。Orosco 等（2004）以大鼠为研究对象分析 α-LA 的抗焦虑作用。结果显示，摄入含高浓度色氨酸的 α-LA 增强了 5-羟色胺的合成和释放。与富含酪蛋白的饮食相比，短期（30 min）摄入富含 α-LA 饮食显著增加了内侧下丘脑 5-羟色胺的释放，这种影响在 3 天和 6 天后消失，表明摄入 α-LA 逐渐提高了基础餐前的 5-羟色胺水平。与摄入酪蛋白相比，α-LA 增加了大鼠在高架十字迷宫试验中开放臂活动时间和对旷场中心的访问次数，表明其具有抗焦虑作用。总之，摄入 α-LA 可能诱导与 5-羟色胺相关的抗焦虑作用，并且可能会有利于正向情绪的产生。

心血管疾病的发病率和严重程度随着年龄的增长而增加，是导致老龄化人口死亡的主要原因之一，而心血管老化是导致心血管疾病的重要因素。Zhang 等（2022）针对 α-LA 对心血管老化的影响进行了系统性的研究。他们在以过氧化氢构建衰老细胞的体外模型和以老年小鼠为体内研究的动物模型中，均发现 α-LA 能够通过调节脱乙酰化酶基因的表达显著缓解心血管细胞的衰老，增加 Ki67（增殖标志物）的表达，缓解炎症因子释放和氧化应激。此外，α-LA 还表现出了良好的抗心脏纤维化作用。该研究结果显示，α-LA 在体外和体内均能表现出良好的抗衰老潜力。

肥胖症的患病率在全球范围内不断上升，导致发生代谢并发症的风险更高，肠道微生物菌群失调在肥胖和肥胖相关慢性炎症的发病机制中起重要作用。Li 等（2019b）研究了 α-LA 对肥胖小鼠肠道微生物菌群组成和结构的调节作用、内毒素炎症和肠道屏障功能的影响。试验结果表明，α-LA 增加了肠道拟杆菌门的丰度和拟杆菌门 / 厚壁菌门比例，提高拟杆菌属微生物成员的丰度，有利于改善肠道功能，调节肥胖引起的相关代谢紊乱。对于肠道屏障和与肥胖相关的炎症，α-LA 通过上调紧密连接蛋白和降低结肠组织中受体的表达抑制肠道屏障的破坏；通过降低血清和结肠中肿瘤细胞坏死因子-α、白细胞介素-6 及血清和粪便中脂多糖的水平，从而减少炎症和代谢性内毒素血症。

综上所述，α-LA 作为牛奶乳清中第二丰富的蛋白质，具有治疗和改善多种疾病的功能，并且可以通过膳食补充发挥作用，可作为功能性食品用于癌症、抑郁症、心血管疾病、炎症、高尿酸血症（Gao 等，2023）等疾病的治疗。

4.3 α-乳白蛋白在食品工业中的应用

除了用于饮食外，纯化和浓缩的 α-LA 也可以用于食品中，提供凝胶、乳化、发泡等功能特性，作为食品加工中凝胶剂、发泡剂等的替代物，并可在制药、化妆品等行业发挥潜力。

Boggione 等（2019）基于美拉德反应原理制备了 α-LA、乳铁蛋白、溶菌酶与多糖的偶联物，并对这些物质的发泡性和乳化性进行测试，发现尽管蛋白质的体积增加更高，α－LA 与多糖的偶联物在所有研究时间中均表现出高于混合物和纯蛋白质体系的泡沫稳定性。Yang 等（2021）研究了 α－LA 和乳铁蛋白的热相互作用。研究结果表明，在 pH 7.0 条件下通过控制热处理条件和 α－LA 浓度，能够形成具有不同结构特性的乳铁蛋白－α－LA 聚集体和凝胶。在 0.57 mmol/L 的低总蛋白浓度下，该凝胶即可形成，并且乳铁蛋白和 α－LA 之间存在很强的流变协同作用，使凝胶时间大幅缩短。文章指出，这种聚集体和凝胶可作为用于控制食品和制药应用的创新食品质地和输送系统的新成分。

目前，消费者对有益健康的功能性食品的需求不断增长，而掺入产品中的生物活性化合物能够发挥广泛的有益影响。但是大多数的生物活性化合物本质上是疏水的，并且对光、氧气和温度等常见的加工条件十分敏感，导致这些物质在相关组织中的生物可利用性很有限。因此，包封策略对于溶解、保护和促进生物活性物质的功能发挥十分重要。其中，一些球状蛋白可以与疏水化合物结合，可利用这一特性来保护生物活性化合物并将其引入食品、营养保健品或药物中。

蛋白质和肽纳米管等食品级纳米结构可以通过将块状材料分解成分子单元并通过自组装从这些分子中构建新的超分子结构进行生产。基于蛋白质的这种纳米结构可能具有独特的性质，在食品加工中发挥潜在的功能（Zhang 等，2002）。Tarhan 等（2014）通过分子自组装开发基于乳清的蛋白质纳米颗粒。在从乳清蛋白分离物和乳清粉中分离并纯化得到高纯度的 α－LA 并酶解后，基于乳清蛋白分离物的 α－LA 通过自组装产生了约 20 nm 宽度的链状长纳米管，而基于乳清粉的 α－LA 通过自组装产生了更薄、更杂和纤维状的纳米结构。形成的纳米管诱导产生凝胶化，进而形成纳米管状凝胶网络将着色剂均匀地包埋在一起。因此，基于乳制品的 α－LA 蛋白纳米管可用作各种食品加工中的替代胶凝剂以及天然着色剂的载体。辣椒素是一种存在于辣椒植物中的生物活性化合物，通过激活瞬时受体电位香兰素亚型 1 抑制脂肪细胞中脂肪的产生，增加能量代谢，抑制脂肪因子的表达，具有优异的抗肥胖活性（Joo 等，2010）。但由于其生物利用度低，疏水性高，强烈的辣味和对胃肠道的刺激性，不利于口服摄取。Li 等（2022）通过将辣椒素加载到 α–LA 自组装纳米载体上，提高了其水溶性。此外，形成的纳米胶束还表现出肠道响应性释放行为，提高了辣椒素的体内生物利用度，表现出良好的胶体稳定性。之后，将装有辣椒素的纳米载体加入脱脂牛奶中，制备了具有辛辣风味的脱脂奶酪。感官评价结果表明，辣椒素的辛辣味道在纳米胶束体系中降低，并在纳米胶束–奶酪体系中进一步降低。试验结果表明，通过 α–LA 纳米载体包埋辣椒素可以掩盖其辛辣味并将其应用于牛奶和奶酪等食品系统。

L– 薄荷醇是在薄荷及其精油中发现的挥发性萜类化合物，广泛用于口香糖、糖果、饮料等各种食品。*L*– 薄荷醇对热和光敏感，通常以结晶形式存在，熔点为 41 ～ 43°C，挥发性高。因此，含薄荷醇的食品一旦在水相中溶解，由于水溶性降低会导致风味释放不足，在运输和储存过程中总是表现出风味损失，这会导致食品质量下降，还会限制薄荷醇的应用。Peng 等（2023）通过 α–LA 和阿拉伯树胶包封 *L*– 薄荷醇，增强了对 *L*– 薄荷醇风味保留的保护，提高产品的储存稳定性。槲皮素是一种亲脂、疏水性生物类黄酮，大量存在于人类饮食中。研究证明其具有抗氧化性和抗炎功能，能够发挥抗糖尿病、心血管、抗癌、神经保护和抗菌活性。但槲皮素在肠道中广泛代谢，导致抗氧化能力降低，其生理利用度非常很低。Yin 等（2022）制备了 α–LA 和葡聚糖的偶联物胶束用于包封槲皮素，并研究了其稳定性和消化率。结果显示，该胶束能够稳定负载槲皮素，包封效率超过 90%。在包封后，槲皮素的 pH 值稳定性、离子强度稳定性和紫外线照射稳定性均最佳。在模拟消化过程中，α–LA– 葡聚糖偶联物胶束表现出对酶水解的抗性，能够实现消化状态下槲皮素的持续释放。结果表明，α–LA– 葡聚糖偶联物可以用于食品工业中疏水性生物活性化合物的递送。

参考文献

蔡俊娜，2021. 羊乳蛋白体外模拟消化及羊乳对肠道微生物的影响[D]． 西安：陕西师范大学 .

丁晓静，杨媛媛，李 芸，等，2010. 毛细管电泳法对乳及乳制品中真蛋白的测定 [J]. 食品科学，31（22）：361–366.

董爱军，杨鑫，张英春，等，2012. 高效液相色谱法分离测定牦牛乳中的 8 种蛋白质 [J]. 分析测试学报，31（8）：972–976.

杜娟，郑云鹏，董洪涛，等，2020. 超高效液相色谱 – 串联三重四极杆质谱法测定乳清蛋白粉中 α – 乳白蛋白和 β – 乳球蛋白 [J]. 分析测试学报，39（7）：900–905.

杜茹芸，王亮，林毅侃，2022. 体积排阻色谱法测定牛奶、乳粉、乳清粉中 α – 乳白蛋白的含量 [J]. 中国乳品工业，50（4）：46–51.

韩静雯，李国辉，钟其顶，等，2022. 超高液相色谱 – 四极杆飞行时间质谱技术定量牛奶中主要蛋白质 [J]. 食品与发酵工业，48（23）：300–308.

胡杰，2023. 一种新型羟基偶氮苯化合物的光感脂质体制备及其对 α – 乳白蛋白的互作评价 [D]. 成都：成都大学 .

胡敏，张彩云，李志君，等，2021. 高效液相色谱法同时测定巴氏杀菌乳中 α – 乳白蛋白和 β – 乳球蛋白 [J]. 乳业科学与技术，44（6）：15–19.

黄佳露，2022. 强化 β – 酪蛋白和 α – 乳白蛋白对乳蛋白配方的消化性和抗炎活性的研究 [D]. 无锡：江南大学 .

贾云虹，宋晓青，杨凯，2015. 凝胶过滤色谱法测定婴儿配方乳粉中 α – 乳白蛋白 [J]. 食品科技，40（5）：310–312.

江苏省卫生和计划生育委员会，2012. 食品安全地方标准 婴幼儿配方乳粉中 α – 乳白蛋白的测定 凝胶色谱法：DBS32/ 011—2016[S]. 北京：中国标准出版社

李梦寒，2019. α – 乳白蛋白对肠道菌群的影响 [D]. 哈尔滨：东北农业大学 .

李周敏，李钟卉 . 一种基于适配体探针同时检测 a– 乳白蛋白，β – 乳球蛋白和乳铁蛋白含量的方法 [P]. 中国专利：CN109507423A，2019–03–22.

刘翠，潘健存，李媛媛，等，2019. 人乳营养成分及其生理功能 [J]. 食品工业科技，40：286–291.

路梦凡，2023. 基于差示扫描荧光法的乳清蛋白鉴别及乳铁蛋白定量检测研究 [D]. 西安：陕西科技大学 .

马露，2014. 奶牛、水牛、牦牛、娟珊牛、山羊、骆驼和马乳特征性成分分析 [D]. 呼和浩特：内蒙古农业大学 .

盛雪，张居典，李梦寒，等，2020. 不同热处理方式的 α－乳白蛋白对正常人肠道上皮细胞株增殖、周期及凋亡的影响 [J]. 食品科学 41（1）：8.

孙娜娜，2022. 基于核酸适配体的热荧光分析方法及其在乳铁蛋白检测中的应用 [D]. 西安：陕西科技大学 .

田兰，陈春丽，马晓丽，等，2013. 毛细管电泳法对乳及乳制品中乳源蛋白的测定 J. 食品研究与开发，34（4）：81–84.

王浩，张志国，常彦忠，等，2009.RP–HPLC 法对乳制品中主要牛奶蛋白的分离及定量测定 [J]. 食品科学，30（24）：376–380.

王洪荣，季昀，2013. 氨基酸的生物活性及其营养调控功能的研究进展 [J]. 动物营养学报，25：447–457.

王瑞，2018. 陕西不同月龄婴幼儿肠道菌群多样性及优势菌种群研究 [D]. 杨凌：西北农林科技大学 .

王云娜，2023. α－乳白蛋白热稳定性及含量的差示扫描荧光检测研究 [D]. 西安：陕西科技大学 .

席晓霞，2017. 初生婴儿肠道菌群与母体各部位菌群相关性研究 [D]. 呼和浩特：内蒙古农业大学 .

熊青，杨学军，任汐，等，2016. 肠道菌群特征与胰岛素抵抗的相关性研究 [J]. 重庆医学 45（33）：4658–4660.

许丹科，李慧，陈竹，等 . 一种用于检测乳铁蛋白含量的适配体及其应用 [P]. 中国专利；CN106645050B，2019–07–26.

姚怀兵，王智瑄，赵仲凯，等，2024. 双峰驼乳功能蛋白及脂肪酸在泌乳期内的变化研究 [J]. 食品与发酵工业 50（7）：122–130.

尹进，陈贵秋，胡余明，等，2018. 不同喂养方式对婴儿肠道微生态的影响 . 实用预防医学，25（3）：308–309.

徐秀，郭志平，罗先琼，等，2006. 富含 α－乳清蛋白及 AA/DHA 配方奶粉对足月婴儿体格生长及耐受性的影响 . 中国儿童保健杂志（3）：223–225.

张敏，王瑶，苏运聪，等，2020. 不同乳制品中 α－乳白蛋白、β－乳球蛋白和乳铁蛋白的测定 [J]. 乳业科学与技术，43（5）：17–21.

张杉，陈敏，李慧，2008.SDS–PAGE 电泳测定乳清蛋白方法的研究 [J]. 食品科技（1）：215–219.

张一帆，逄金柱，米丽娟，等，2022. 添加 α－乳白蛋白和色氨酸的婴儿配方奶粉对新生大鼠脑发育的影响 . 中国食品学报，22（5）：129–136.

赵倩如，朱丽英，赵权宇，等，2020. 高效液相色谱法测定乳清蛋白中的 α－乳白蛋白和 β－乳球蛋白及其改性降敏 [J]. 生物加工过程，18（4）：536–543.

朱宏，邢志恩，戴蕴青，等，2012. 反相高效液相色谱法同时检测多种乳清蛋白成分 [J] 中国农业大学学报，17（3）：127130.

ACHARYA K R，REN J S，STUART D I，et al.，1991. Crystal structure of human alpha–lactalbumin at 1.7 A resolution[J]. Mol. Biol.，221（2），571–581.

ALMAAS H，BERNER V，HOLM H，et al.，2008. Degradation of whey from caprine milk by human proteolytic enzymes, and the resulting antibacterial effect against Listeria monocytogenes[J]. Small Ruminant Research, 79(1): 11–15.

ALMEIDA C C, MENDONçA PEREIRA B F, LEANDRO K C, et al., 2021. Bioactive compounds in infant formula and their effects on infant nutrition and health: A systematic literature review[J]. International Journal of Food Science: 8850080.

ANHE F F, ROY D, PILON G, et al., 2015. A polyphenol–rich cranberry extract protects from diet–induced obesity, insulin resistance and intestinal inflammation in association with increased *Akkermansia* spp. population in the gut microbiota of mice[J]. Gut, 64(6): 872–883.

APARICIO S, GARAU S, ESTEBAN, et al., 2007. Chrononutrition: Use of dissociated day/night infant milk formulas to improve the development of the wake–sleep rhythms. Effects of tryptophan[J]. Nutr. Neurosci., 10(3–4): 137–143.

ARAMINI J M, HIRAOKI T, GRACE M R, et al., 1996. NMR and stopped–flow studies of metal ion binding to alpha–lactalbumins[J]. Biochim. Biophys. Acta, 1293(1), 72–82.

BAISHYA J, WAKEMAN C A, 2019. Selective pressures during chronic infection drive microbial competition and cooperation[J]. NPJ Biofilms and Microbiomes, 5(1): 16.

BARBER T M, MCCARTHY M, WASS J, et al., 2006. Obesity and polycystic ovary syndrome[J]. Clinical Endocrinology, 65(2): 137–145.

BAUER, BIOLO, CEDERHOLM, et al., 2013. Evidence–based recommendations for optimal dietary protein intake in older people: A position paper from the PROT–AGE study group[J]. J. Am. Med. Dir. Assoc., 14(8): 542–559.

BELLOT P, FRANCES R, 2013. Such J. Pathological bacterial translocation in cirrhosis: pathophysiology, diagnosis and clinical implications[J]. Liver International, 33(1): 31–39.

BENNO Y, SAWADA K, MITSUOKA T, 1984. The intestinal microflora of infants: composition of fecal flora in breast - fed and bottle - fed infants[J]. Microbiology and immunology, 28(9): 975–986.

BERGER M, GRAY J A, ROTH B L. 2009. The expanded biology of serotonin[J]. Annual Review of Medicine, 60: 355–366.

BJARNASON I, HAYLLAR J, 1993. Side effects of nonsteroidal anti–inflammatory drugs on the small and large intestine in humans[J]. Gastroenterology, 104(6): 1832–1847.

BLOUET C, MARIOTTI F, AZZOUT–MARNICHE D, et al., 2007. Dietary cysteine alleviates sucrose–induced oxidative stress and insulin resistance[J]. Free Radical Biology and Medicine, 42(7): 1089–1097.

BLOUET C, MARIOTTI F, MIKOGAMIi T, et al., 2007. Meal cysteine improves postprandial glucose control in rats fed a high–sucrose meal[J]. The Journal of Nutritional Biochemistry, 18(8): 519–524.

BOGGIONE SANTOS I J, HERNANDEZ HERNANDEZ H L, CARDOSO COSTA M H, et al., 2019. Conjugates of α–lactalbumin, β–lactoglobulin, and lysozyme with polysaccharides: Characterization and techno–functional properties[J]. Food Research International, 116: 492–498.

Boscaini S, Cabrera-Rubio R, Speakman J R, et al., 2019. Dietary α-lactalbumin alters energy balance, gut microbiota composition and intestinal nutrient transporter expression in high-fat diet-fed mice[J]. British Journal of Nutrition, 121(10): 1097-1107.

BOUNOUS G, GERVAIS F, AMER V, et al., 1989. The influence of dietary whey protein on tissue glutathione and the diseases of aging[J]. Clinical Investigative Medicine, 12(6): 343-349.

BOUNOUS G, KONGSHAVN P A, 1982. Influence of dietary proteins on the immune system of mice[J]. The Journal of Nutrition, 112(9): 1747-1755.

BOUNOUS G, SHENOUDA N, KONGSHAVN P A, et al., 1985. Mechanism of altered B-cell response induced by changes in dietary protein type in mice[J]. The Journal of Nutrition, 115(11): 1409-1417.

BRANDI K, KUMAR V, ECKMANN L, 2017. Gut-liver axis at the frontier of host-microbial interactions[J]. American Journal of Physiology-Gastrointestinal and Liver Physiology, 312(5): G413-G419.

BRAY F, FERLAY J, SOERJOMATARAM I, et al., 2018. Global cancer statistics 2018: GLOBOCAN estimates of incidence and mortality worldwide for 36 cancers in 185 countries[J]. CA: A Cancer Journal for Clinicians, 68: 394-424.

BREW K, CASTELLINO F J, VANAMAN T C, et al. 1970. The complete amino acid sequence of bovine alpha-lactalbumin[J]. J Biol Chem, 245(17): 4570-4582.

BROWN E C, DISILVESTRO R A, BABAKNIA A, et al., 2004. Soy versus whey protein bars: Effects on exercise training impact on lean body mass and antioxidant status[J]. Nutrition Journal, 3(1): 1-5.

BRÜCK W M, GRAVERHOLT G, GIBSON G R. 2002. Use of batch culture and a two-stage continuous culture system to study the effect of supplemental α-lactalbumin and glycomacropeptide on mixed populations of human gut bacteria[J]. Fems Microbiology Ecology, 41(3): 231-237.

BRÜCK W M, KELLEHER S L, GIBSON G R, et al., 2003. rRNA probes used to quantify the effects of glycomacropeptide and α-lactalbumin supplementation on the predominant groups of intestinal bacteria of infant rhesus monkeys challenged with enteropathogenic Escherichia coli[J]. Journal of Pediatric Gastroenterology and Nutrition. 37(3): 273-280.

BRÜCK W M, REDGRAVE M, TUOHY K M., 2006. Effects of bovine α-lactalbumin and casein glycomacropeptide-enriched infant formulae on faecal microbiota in healthy term infants[J]. Journal of Pediatric Gastroenterology and Nutrition. 43(5): 673-679.

BULLEN J, 1975. Iron-binding proteins in milk and resistance to *Escherichia coli* infection in infants[J]. Postgraduate Medical Journal, 51: 67-70.

BURRIN DG, STOLL B, GUAN X, et al., 2005. Glucagon-like peptide 2 dose-dependently activates intestinal cell survival and proliferation in neonatal piglets[J]. Endocrinology, 146(1): 22-32.

BURRIN DG, STOLL B, 2002. Key nutrients and growth factors for the neonatal gastrointestinal tract[J]. Clinics in Perinatology, 29(1): 65-96.

CANI P D, AMAR J, IGLESIAS M A, et al., 2007. Metabolic endotoxemia initiates obesity and insulin resistance[J]. Diabetes, 56(7): 1761–1772.

CHANG J J, CHUNG D J, LEE Y J, et al., 2017. Solanum nigrum polyphenol extracts inhibit hepatic inflammation, oxidative stress, and lipogenesis in high–fat–diet–treated mice[J]. Journal of Agricultural and Food Chemistry, 65(42): 9255–9265.

CHATTERTON D E W, RASMUSSEN J T, Heegaard C W, et al., 2004. In vitro digestion of novel milk protein ingredients for use in infant formulas: Research on biological functions[J]. Trends in Food Science and Technology, 15(7–8), 373–383.

CHOI I–Y, LEE P, DENNEY D R, et al., 2015. Dairy intake is associated with brain glutathione concentration in older adults[J]. The American Journal of Clinical Nutrition, 101(2): 287–293.

CLAEYS W, VERRAES C, CARDOEN S, et al., 2014. Consumption of raw or heated milk from different species: An evaluation of the nutritional and potential health benefits[J]. Food Control, 42: 188–201.

COONEY L G, DOKRAS A, 2018. Beyond fertility: polycystic ovary syndrome and long–term health[J]. Fertility and Sterility, 110(5): 794–809.

CORROCHANO A R, ARRANZ E, DE NONI I, et al., 2018. Intestinal health benefits of bovine whey proteins after simulated gastrointestinal digestion[J]. Journal of Functional Foods, 49: 526–535.

CROSS M L, GILL H, 2000. Immunomodulatory Properties of Milk[J]. British Journal of Nutrition, 84(S1): 81–89.

CUNNINGHAM–RUNDLES S, MCNEELEY D F, MOON A, 2005. Mechanisms of nutrient modulation of the immune response[J]. Journal of Allergy and Clinical immunology, 115(6): 1119–1128.

DE CARO C, CITRARO R, IANNONE M, et al., 2018. Alpha–lactalbumin protects against pentylenetetrazole–induced seizures in mice reducing intestinal inflammation[C]//13° European Congress on epileptology Vienna. 2018–10–03.

DE LA SERRE C B, ELLISI C L, LEE J, et al., 2010. Propensity to high–fat diet–induced obesity in rats is associated with changes in the gut microbiota and gut inflammation[J]. American Journal of Physiology–Gastrointestinal and Liver Physiology, 299(2): G440–G448.

DEPOORTERE I. 2014. Taste receptors of the gut: emerging roles in health and disease[J]. Gut, 63(1): 179–190.

DIRKS M L, TIELAND M, VERDIJK L B, et al., 2017. Protein supplementation augments muscle fiber hypertrophy but does not modulate satellite cell content during prolonged resistance–type exercise training in frail elderly[J]. J. Am. Med. Dir. Assoc., 18(7): 608–615.

DOLGIKH D A, GILMANSHIN R I, BRAZHNIKOV E V, et al., 1981. α–lactalbumin: compact state with fluctuating tertiary structure[J]. FEBS Letters, 136:311–315.

DONATH M Y, SHOELON S E, 2011. Type 2 diabetes as an inflammatory disease[J]. Nature Reviews Immunology, 11(2): 98–107.

DRUCKER D J, 2002. Biological actions and therapeutic potential of the glucagon–like peptides[J]. Gastroenterology

122（2）: 531–544.

DUAN X, MENG Q, WANG C, et al., 2018. Effects of calycosin against high - fat diet - induced nonalcoholic fatty liver disease in mice[J]. Journal of Gastroenterology and Hepatology, 33（2）: 533–542.

DUBÉ P E, BRUBAKER P L. 2007. Frontiers in glucagon–like peptide–2: multiple actions, multiple mediators[J]. American Journal of Physiology–Endocrinology and Metabolism, 293（2）: E460–E465.

DUCA F, LAM T, 2014. Gut microbiota, nutrient sensing and energy balance[J]. Diabetes, Obesity and Metabolism, 16（S1）: 68–76.

EL–HATMI H, LEVIEUX A, LEVIEUX D, 2006. Camel（Camelus dromedarius）immunoglobulin G, alpha–lactalbumin, serum albumin and lactoferrin in colostrum and milk during the early post partum period[J]. J Dairy Res, 73（3）: 288–293.

FABBRINI E, SULLIVAN S, KLEINI S, 2010. Obesity and nonalcoholic fatty liver disease: biochemical, metabolic, and clinical implications[J]. Hepatology, 51（2）: 679–689.

FANG B, ZHANG M, WU H, et al., 2017. Internalization properties of the anti–tumor α–lactalbumin–oleic acid complex[J]. International Journal of Biological Macromolecules, 96: 44–51.

FARHADI A, BANAN A, FIELDS J, et al., 2003. Intestinal barrier: an interface between health and disease[J]. Journal of Gastroenterology and Hepatology, 18（5）: 479–497.

FARKAS V, VASS E, HANSSENS I, et al., 2005. Cyclic peptide models of the Ca^{2+}–binding loop of alpha–lactalbumin[J]. Bioorg. Med. Chem., 13（17）, 5310–5320.

FENG X, YU W, LI X, et al., 2017. Apigenin, a modulator of PPARγ, attenuates HFD–induced NAFLD by regulating hepatocyte lipid metabolism and oxidative stress via Nrf2 activation[J]. Biochemical Pharmacology, 136: 136–149.

FISCHER W, GUSTAFSSON L, MOSSBERG A–K, et al., 2004. Human α–lactalbumin made lethal to tumor cells（HAMLET）kills human glioblastoma cells in brain xenografts by an apoptosis–like mechanism and prolongs survival[J]. Cancer Research, 64（6）: 2105–2112.

FRIEDMAN M, 2018. Analysis, nutrition, and health benefits of tryptophan[J]. International Journal of Tryptophan Research, 11: 1178646918802282.

FUKAWA A, BABA S, IWASAWA K, et al., 2020. Dietary α–Lactalbumin protects against thioacetamide–induced liver cirrhosis by maintaining gut–liver axis function in rats[J]. Bioscience, Biotechnology, and Biochemistry, 84（1）: 171–177.

FUKAWA A, KOBAYASHI O, YAMAGUCHI M, et al., 2017. Bovine milk–derived α–lactalbumin prevents hepatic fibrosis induced by dimethylnitrosamine via nitric oxide pathway in rats[J]. Bioscience, Biotechnology, and Biochemistry, 81（10）: 1941–1947.

FULDA S, 2009. Tumor resistance to apoptosis[J]. International Journal of Cancer, 124（3）: 511–515.

FURUSAWA Y, OBATA Y, FUKUDA S, et al., 2013. Commensal microbe–derived butyrate induces the differentiation of colonic regulatory T cells[J]. Nature, 504（7480）: 446–450.

GALLUS S, BRAVI F, TALAMINI R, et al., 2006. Milk, dairy products and cancer risk (Italy) [J]. Cancer Causes & Control, 17: 429–437.

GAO J, SONG J, DU M, et al., 2018. Bovine α-lactalbumin hydrolysates (α-LAH) ameliorate adipose insulin resistance and inflammation in high-fat diet-fed C57BL/6J mice[J]. Nutrients, 10(2): 242.

GAO J, SONG J, DU M, et al., 2019. Bovine α-lactalbumin hydrolysates (α-LAH) attenuate high-fat diet induced nonalcoholic fatty liver disease by modulating hepatic lipid metabolism in C57BL/6J mice[J]. Journal of Functional Foods, 54: 254–262.

GAO J H, WEN S L, TONG H, et al., 2016. Inhibition of cyclooxygenase-2 alleviates liver cirrhosis via improvement of the dysfunctional gut-liver axis in rats[J]. American Journal of Physiology-Gastrointestinal and Liver Physiology, 310(11): G962–G972.

GAO Y F, LIU M Q, LI Z H, et al., 2023. Purification and identification of xanthine oxidase inhibitory peptides from enzymatic hydrolysate of α-lactalbumin and bovine colostrum casein[J]. Food Research International, 169: 112882.

GAO K, MU C, FARZI A, et al., 2020. Tryptophan metabolism: A link between the gut microbiota and brain[J]. Adv. Nutr., 11(3): 709–723.

GARRETT W S. 2015. Cancer and the microbiota[J]. Science, 348(6230): 80–86.

GARUD N R, GOOD B H, HALLATSCHEK O, et al., 2019. Evolutionary dynamics of bacteria in the gut microbiome within and across hosts[J]. PLoS biology, 17(1): e3000102.

GOLDFINE A B, SILVER R, ALDHAHI W, et al., 2008. Use of salsalate to target inflammation in the treatment of insulin resistance and type 2 diabetes[J]. Clinical and Translational Science, 1(1): 36–43.

GRAHAM C, MULLEN A, WHELAN K, 2015. Obesity and the gastrointestinal microbiota: A review of associations and mechanisms[J]. Nutrition Reviews, 73(6): 376–385.

GROEN B B, RES P T, PENNINGS B E, et al., 2012. Intragastric protein administration stimulates overnight muscle protein synthesis in elderly men[J]. Am. J. Physiol.-Endocrinol. Metab. 302(1): E52–E60.

HAKKAK R, KOROURIAN S, SHELNUTT S R, et al., 2000. Diets containing whey proteins or soy protein isolate protect against 7, 12-dimethylbenz(a)anthracene-induced mammary tumors in female rats[J]. Cancer Epidemiology Biomarkers & Prevention, 9(1): 113–117.

HAN J L, LIN H L, 2014. Intestinal microbiota and type 2 diabetes: from mechanism insights to therapeutic perspective[J]. World Journal of Gastroenterology: WJG, 20(47): 17737.

HARMSEN H J, WILDEBOER-VELOO A C, RAANGS G C, et al., 2000. Analysis of intestinal flora development in breast-fed and formula-fed infants by using molecular identification and detection methods[J]. Journal of Pediatric Gastroenterology and Nutrition, 30(1): 61–67.

HARVEY E, 2009. Development and application of an optical biosensor immunoassay for a-lactalbumin in bovine milk[J]. Internationmal Dairy Journal, 19(1): 36–42.

HIRAOKA Y, SEGAWA T, KUWAJIMA K, et al., 1980. Alpha-Lactalbumin - a Calcium Metalloprotein[J].

Biochem. Biophys. Res. Commun., 95 (3), 1098–1104.

HO J C, NADEEM A, SVANBORG C, 2017. HAMLET–A protein–lipid complex with broad tumoricidal activity[J]. Biochemical and Biophysical Research Communications, 482 (3): 454–458.

HOOGKAMP–KORSTANJE J A, LINDNER J, MARCELIS J, et al., 1979. Composition and ecology of the human intestinal flora[J]. Antonie van Leeuwenhoek, 45: 35–40.

HOSSEINI E, GROOTAERT C, VERSTRAETE W, et al., 2011. Propionate as a health–promoting microbial metabolite in the human gut[J]. Nutrition Reviews, 69 (5): 245–258.

HUANG J, ZHANG L, LAN H, et al., 2022. How to adjust α –lactalbumin and β –casein ratio in milk protein formula to give a similar digestion pattern to human milk[J]? Journal of Food Composition and Analysis, 110: 104536.

ISKANDAR M M, DAULETBAEV N, KUBOW S, et al., 2013. Whey protein hydrolysates decrease IL–8 secretion in lipopolysaccharide (LPS) –stimulated respiratory epithelial cells by affecting LPS binding to Toll–like receptor 4[J]. British Journal of Nutrition, 110 (1): 58–68.

IZUMI H, ISHIZUKA S, INAFUNE A, et al., 2009. α –Lactalbumin hydrolysate stimulates glucagon–like peptide–2 secretion and small intestinal growth in suckling rats[J]. The Journal of Nutrition, 139 (7): 1322–1327.

JOO J I, KIM D H, CHOI J–W, et al., 2010. Proteomic analysis for antiobesity potential of capsaicin on white adipose tissue in rats fed with a high fat diet[J]. Journal of Proteome Research, 9: 2977–2987.

KAFLEY S, KIM W, KUMURA H, et al., 2010. Growth performance of whey protein hydrolysates in the media on different strains of probiotic bacteria[J]. Milchwissenschaft, 65 (3): 245–248.

KEE H, HONG Y, KIM E, et al., 1998. Effect of enzymatically hydrolyzed alpha–LA fractions with pepsin on growth–promoting of Bifidobacterium longum ATCC 15707[J]. Korean Journal of Dairy Science (Korea Republic), 1998:61–68.

KELLEHER S L, DERECK C, KARIN N, et al., 2003. Glycomacropeptide and alpha–lactalbumin supplementation of infant formula affects growth and nutritional status in infant rhesus monkeys[J]. Am. J. Clin. Nutr. 77 (5): 1261–1268.

KENT K, HARPER W, BOMSER J, 2003. Effect of whey protein isolate on intracellular glutathione and oxidant–induced cell death in human prostate epithelial cells[J]. Toxicology in Vitro, 17 (1): 27–33.

KERI MARSHALL N, 2004. Therapeutic applications of whey protein[J]. Alternative Medicine Review, 9 (2): 136–156.

KERKSICK C M, RASMUSSEN C J, LANCASTER S L, et al., 2006. The effects of protein and amino acid supplementation on performance and training adaptations during ten weeks of resistance training[J]. J. Strength Cond. Res., 20 (3): 643–653.

KERSTETTER J E, BIHUNIAK J D, BRINDISI J, et al., 2015. The effect of a whey protein supplement on bone mass in older caucasian adults[J]. J. Clin. Endocrinol. Metab., 100 (6): 2214–2222.

KESZTHELYI D, TROOST F, MASCLEE A, 2009. Understanding the role of tryptophan and serotonin metabolism in gastrointestinal function[J]. Neurogastroenterology & Motility, 21(12): 1239–1249.

KHAZAEI Z, JARRAHI A M, MOMENABADI V, et al., 2019. Global cancer statistics 2018: GLOBOCAN estimates of incidence and mortality worldwide stomach cancers and their relationship with the human development index(HDI) [J]. World Cancer Research Journal, 6(9): e1257.

KIM K A, GU W, LEE I A, et al., 2012. High fat diet–induced gut microbiota exacerbates inflammation and obesity in mice via the TLR4 signaling pathway[J]. PLoS One: e47713.

KLEIMAN S C, CARROLL I M, TARANTINO L M, et al., 2015. Gut feelings: a role for the intestinal microbiota in anorexia nervosa[J]. The International Journal of Eating Disorders, 48(5): 449.

KRISSANSEN G W, 2006. Emerging health properties of whey proteins and their clinical implications[J]. Journal of the American College of Nutrition, 26(6): 713S–723S.

LACROIX I M, MENG G, CHEUNG I W, et al., 2016. Do whey protein–derived peptides have dual dipeptidyl–peptidase IV and angiotensin I–converting enzyme inhibitory activities[J]. Journal of Functional Foods, 21: 87–96.

LAMPE J W, 2011. Dairy products and cancer[J]. Journal of the American College of Nutrition, 30(sup5): 464S–470S.

LAWLEY T D, WALKER A W, 2013. Intestinal colonization resistance[J]. Immunology, 138(1): 1–11.

LAYMAN D K, LONNERDAL B, FERNSTROM J D, 2018. Applications for α–lactalbumin in human nutrition[J]. Nutrition Reviews, 76(6): 444–460.

LEGRAND D, 2016. Overview of lactoferrin as a natural immune modulator[J]. The Journal of Pediatrics, 173: S10–S15.

LEVIEUX D, MORGAN F, GENEIX N, et al., 2002. Caprine immunoglobulin G, beta–lactoglobulin, alpha–lactalbumin and serum albumin in colostrum and milk during the early post partum period[J]. J Dairy Res, 69(3): 391–399.

LI C, ZHU Q, JIANG M, et al., 2022. A Novel Photoelectrochemical Immunosensor for Sensitive Detection of Milk α–Lactalbumin Based on CdWO4–CdS Heterojunction [J]. Nano, 17(01): 2250005.

LI H Y, LI P, YANG H G, et al., 2019a. Investigation and comparison of the anti–tumor activities of lactoferrin, α–lactalbumin, and β–lactoglobulin in A549, HT29, HepG2, and MDA231–LM2 tumor models[J]. Journal of Dairy Science, 102: 9586–9597.

LI H, LI P, YANG H, et al., 2019. Investigation and comparison of the anti–tumor activities of lactoferrin, α–lactalbumin, and β–lactoglobulin in A549, HT29, HepG2, and MDA231–LM2 tumor models[J]. Journal of Dairy Science, 102(11): 9586–9597.

LI S, LIU L, HE G, et al., 2018. Molecular targets and mechanisms of bioactive peptides against metabolic syndromes[J]. Food & Function, 9(1): 42–52.

LI T, GAO J, DU M, et al., 2019. Bovine α–lactalbumin hydrolysates ameliorate obesity–associated endotoxemia and inflammation in high-fat diet-fed mice through modulation of gut microbiota[J]. Food & Function, 10(6): 3368-3378.

LI W, FU K, LV X, et al., 2015. Lactoferrin suppresses lipopolysaccharide-induced endometritis in mice via down-regulation of the NF-κB pathway[J]. International Immunopharmacology, 28(1): 695-699.

LI Z, LIU Z, MU H, et al., 2022. The stability and spicy taste masking effect of capsaicin loaded α-lactalbumin micelles formulated in defatted cheese[J]. Food & Function, 13: 12258-12267.

LI S S, BU T T, ZHENG J X, et al., 2019. Preparation, Bioavailability, and Mechanism of Emerging Activities of Ile-Pro-Pro and Val-Pro-Pro[J]. Compr. Rev. Food. Sci. Food Saf., 18(4): 1097-1110.

LIANG S, SUN K, WANG Y, et al., 2016. Role of Cyt-C/caspases-9, 3, Bax/Bcl-2 and the FAS death receptor pathway in apoptosis induced by zinc oxide nanoparticles in human aortic endothelial cells and the protective effect by alpha-lipoic acid[J]. Chemico-Biological Interactions, 258: 40-51.

LIEN E L, DAVIS A M, EULER A R, et al., 2004. Growth and safety in term infants fed reduced-protein formula with added bovine alpha-lactalbumin[J]. Journal of Pediatric Gastroenterology and Nutrition, 38(2): 170-176.

LIN I C, KUO C D, 2010. Pro-inflammatory effects of commercial alpha-lactalbumin on RAW 264.7 macrophages is due to endotoxin contamination[J]. Food and Chemical Toxicology, 48(10): 2642-2649.

LIN Z, WU Z F, JIANG C H, et al., 2016. The chloroform extract of Cyclocarya paliurus attenuates high-fat diet induced non-alcoholic hepatic steatosis in Sprague Dawley rats[J]. Phytomedicine, 23(12): 1475-1483.

LINDBERG E, NOWROUZIAN F, ADLERBERTH I, et al., 2000. Long-time persistence of superantigen-producing Staphylococcus aureus strains in the intestinal microflora of healthy infants[J]. Pediatric Research, 48(6): 741.

LIU R, ZHANG F, SHI M, et al., 2022. In vitro selection and optimization of high-affinity aptamer for milk allergen α-lactalbumin and its application in dual-mode detection [J]. Frontiers in Nutrition, 9: 1005230.

LöNNERDAL B 2014. Infant formula and infant nutrition: bioactive proteins of human milk and implications for composition of infant formulas[J]. The American Journal of Clinical Nutrition, 99: 712S-717S.

LÖNNERDAL B, ERDMANN P, THAKKAR S K, et al., 2017. Longitudinal evolution of true protein, amino acids and bioactive proteins in breast milk: a developmental perspective[J]. The Journal of Nutritional Biochemistry, 41: 1-11.

LÖNNERDAL B, LIEN E L, 2003. Nutritional and physiologic significance of α-lactalbumin in infants. Nutrition Reviews, 61(9): 295-305.

LORENZO-ZUNIGA V, RODRIGUEZ-ORTIGOSA C M, BARTOLI R, et al., 2006. Insulin-like growth factor I improves intestinal barrier function in cirrhotic rats[J]. Gut, 55(9): 1306-1312.

LU Y, BAO X, SUN T, et al., 2012. Triptolide attenuate the oxidative stress induced by LPS/D - GalN in mice[J]. Journal of Cellular Biochemistry, 113(3): 1022-1033.

LU Y, FAN C, LI P, et al., 2016. Short chain fatty acids prevent high-fat-diet-induced obesity in mice by regulating G protein–coupled receptors and gut microbiota[J]. Scientific Reports, 6(1): 37589.

LUO L, ZHOU Z, XUE J, et al., 2018. Bletilla striata polysaccharide has a protective effect on intestinal epithelial barrier disruption in TAA–induced cirrhotic rats[J]. Experimental and Therapeutic Medicine, 16(3): 1715–1722.

MADA S B, IREDD S, KUMAR N, et al., 2017. Protective effects of casein–derived peptide VLPVPQK against hydrogen peroxide–induced dysfunction and cellular oxidative damage in rat osteoblastic cells[J]. Hum. Exp. Toxicol, 36(9): 967–980.

MALAGUARNERA G, GIORDANO M, NUNNARI G, et al., 2014. Gut microbiota in alcoholic liver disease: pathogenetic role and therapeutic perspectives[J]. World Journal of Gastroenterology: WJG, 20(44): 16639.

MALIK V S, SCHULZE M B, HU F B, 2006. Intake of sugar–sweetened beverages and weight gain: a systematic review–[J]. The American Journal of Clinical Nutrition, 84(2): 274–288.

MARIOTTI F O, SIMBELIE K L, MAKARIOS–LAHHAM L, et al., 2004. Acute ingestion of dietary proteins improves post–exercise liver glutathione in rats in a dose–dependent relationship with their cysteine content[J]. The Journal of Nutrition, 134(1): 128–131.

MARKUS C R, JONKMAN L M, LAMMERS J H C M, et al., 2005. Evening intake of α–lactalbumin increases plasma tryptophan availability and improves morning alertness and brain measures of attention2[J]. The American Journal of Clinical Nutrition, 81: 1026–1033.

MATSUKI B W, KELLEHER S L, GIBSON G R, et al., 2010. The effects of alpha–lactalbumin and glycomacropeptide on the association of CaCo–2 cells by enteropathogenic *Escherichia coli*, *Salmonella typhimurium* and *Shigella flexneri*[J]. Fems Microbiology Letters(1): 158–162.

MATSUKI T, WATANABE K, TANAKA R, et al., 1999. Distribution of bifidobacterial species in human intestinal microflora examined with 16S rRNA–gene–targeted species–specific primers[J]. Applied and Environmental Microbiology, 65(10): 4506–4512.

MELMED S, POLONSKY K S, LARSEN P R, et al., 2017.Williams textbook of endocrinology E–Book[M]. Elsevier Health Sciences.

MERIN U, BERNSTEIN S, BLOCH–DAMTI A, et al., 2001. A comparative study of milk serum proteins in camel(Camelus dromedarius) and bovine colostrum[J]. Livestock Production Science, 67(3): 297–301.

MIGLIORE–SAMOUR D, ROCH–ARVEILLER M, TISSOT M, et al., 1992. Effects of tripeptides derived from milk proteins on polymorphonuclear oxidative and phosphoinositide metabolisms[J]. Biochemical Pharmacology, 44(4): 673–680.

MITUPATU T, AREE K, KITTISENACH S, et al., 2016. mRNA expression of Bax, Bcl–2, p53, Cathepsin B, Caspase–3 and Caspase–9 in the HepG2 cell line following induction by a novel monoclonal Ab Hep88 mAb: cross–talk for paraptosis and apoptosis[J]. Asian Pacific Journal of Cancer Prevention, 17(2): 703–712.

MONTIEL VR–V, CAMPUZANO S, TORRENTE–RODRÍGUEZ RM, REVIEJO AJ, PINGARRÓN JM, 2016. Electrochemical magnetic beads–based immunosensing platform for the determination of α–lactalbumin in milk[J]. Food Chemistry, 213: 595–601.

MOSSBERG A K, WULLT B, GUSTAFSSON L, et al., 2007. Bladder cancers respond to intravesical instillation of(hamlet human α - lactalbumin made lethal to tumor cells) [J]. International Journal of Cancer, 121 (6): 1352–1359.

MOSSBERG A K, HOU Y, SVENSSON M, et al., 2010. HAMLET treatment delays bladder cancer development[J]. The Journal of Urology, 183 (4): 1590–1597.

MOVASSAT J, SAULNIER C, SERRADAS P, et al., 1997. Impaired development of pancreatic beta–cell mass is a primary event during the progression to diabetes in the GK rat[J]. Diabetologia, 40: 916–925.

MU C, YANG Y, ZHU W. 2015. Crosstalk between the immune receptors and gut microbiota[J]. Current Protein and Peptide Science, 16 (7): 622–631.

MURAKAMI K, BERLINER L J, 1983. A distinct zinc binding site in the alpha–lactalbumins regulates calcium binding. Is there a physiological role for this control [J]. Biochemistry, 22 (14), 3370–3374.

NEURATH A R, LI Y–Y, STRICK N, et al., 1996. A herpesvirus inhibitor from bovine whey[J]. The Lancet, 347 (9016): 1703–1704.

NEWBURG D S, WALKER W A, 2007. Protection of the neonate by the innate immune system of developing gut and of human milk[J]. Pediatric Research, 61 (1): 2–8.

NIELSEN C H, HUI Y, NGUYEN D N, et al., 2020. Alpha–lactalbumin enriched whey protein concentrate to improve gut, immunity and brain development in preterm pigs[J]. Nutrients, 12 (1): 245.

NONGONIERMA A B, LE MAUX S, HAMAYON J, et al., 2016. Strategies for the release of dipeptidyl peptidase IV (DPP–IV) inhibitory peptides in an enzymatic hydrolyzate of α –lactalbumin[J]. Food & Function, 7 (8): 3437–3443.

NOWROUZIAN F, HESSELMAR B, SAALMAN R, et al., 2003. *Escherichia coli* in infants' intestinal microflora: colonization rate, strain turnover, and virulence gene carriage[J]. Pediatric research, 54 (1):8–14.

OROSCO M, ROUCH C, BESLOT F, et al., 2004. Alpha–lactalbumin–enriched diets enhance serotonin release and induce anxiolytic and rewarding effects in the rat[J]. Behavioural Brain Research, 148: 1–10.

PANDEY MR, KAPILA, APILA S, 2018. Osteoanabolic activity of whey–derived anti–oxidative (MHIRL and YVEEL) and angiotensin–converting enzyme inhibitory (YLLF, ALPMHIR, IPA and WLAHK) bioactive peptides[J]. Peptides, 99: 1–7.

PANTAKO O T, AMIOT J, 2001. The effects of alpha–lactalbumin and whey protein concentrate on alpha–amino acids, calcium and phosphorus levels in blood and gastrointestinal tract of rats[J]. Reprod. Nutr., Dev., 41 (3): 227–238.

PARDRIDGE W M, 1979. The role of blood–brain barrier transport of tryptophan and other neutral amino acids in the regulation of substrate–limited pathways of brain amino acid metabolism[J]. Journal of neural transmission. Supplementum (15): 43–54.

PARKER J, OBRIEN C, HAWRELAK J, 2022. A narrative review of the role of gastrointestinal dysbiosis in the pathogenesis of polycystic ovary syndrome[J]. Obstetrics & Gynecology Science, 65 (1): 14–28.

PELLEGRINI A, THOMAS U, BRAMAZ N, et al., 1999. Isolation and identification of three bactericidal domains in the bovine alpha–lactalbumin molecule[J]. Biochimica et Biophysica Acta (BBA) – General Subjects, 1426 (3): 439–448.

PENG S, ZHAO J, WANG Y, et al., 2023. Combination of α –lactalbumin and gum arabic for microencapsulation of L–menthol: The effects on flavor release during storage and rehydration[J]. Food Research International, 167: 112632.

PEREZ–LOPEZ A, BEHNSEN J, NUCCIO S–P, et al., 2016. Mucosal immunity to pathogenic intestinal bacteria[J]. Nature Reviews Immunology, 16 (3): 135–148.

PERMYAKOV E A, BERLINER L J, 2000. alpha–Lactalbumin: structure and function[J]. FEBS Lett., 473 (3): 269–274.

PERMYAKOV E A, PERMYAKOV S E, BREYDO L, et al., 2016. Disorder in milk proteins: α –lactalbumin. part C[J]. Peculiarities of Metal Binding[J]. Curr Protein Pept Sci., 17 (8): 735–745.

PERMYAKOV E A, MOROZOVA L A, KALINICHENKO L P, et al., 1998. Interaction of alpha–lactalbumin with Cu^{2+}[J]. Biophys. Chem., 32 (1), 37–42.

PERMYAKOV E A, SHNYROV V L, KALINICHENKO L P, et al., 1991. Binding of Zn (Ii) Ions to AlphaLactalbumin[J]. Protein Chem., 10 (6): 577–584.

PETERSEN H A, NOMAYO R, ZELENKA J, et al., 2020. Adequacy and safety of alpha–lactalbumin–enriched low–protein infant formula: A Randomized Controlled Trial[J]. Nutrition, 74: 7.

PIHLANTO–LEPPÄLÄ A, MARNILA P, HUBERT L, et al., 1999. The effect of α α - lactalbumin and β β - lactoglobulin hydrolysates on the metabolic activity of *Escherichia coli* JM103[J]. Journal of Applied Microbiology, 87 (4): 540–545.

PLATTEN M, NOLLEN E A A, RöHRIG U F, et al., 2019. Tryptophan metabolism as a common therapeutic target in cancer, neurodegeneration and beyond[J]. Nature Reviews Drug Discovery, 18: 379–401.

PUTHIA M, STORM P, NADEEM A, et al., 2014. Prevention and treatment of colon cancer by peroral administration of HAMLET (human α –lactalbumin made lethal to tumour cells) [J]. Gut, 63 (1): 131–142.

QI X, YUN C, SUN L, et al., 2019. Gut microbiota–bile acid–interleukin–22 axis orchestrates polycystic ovary syndrome[J]. Nature Medicine, 25 (8): 1225–1233.

RÄIHÄ N C R, AXELSSON I E, 1995. Protein Nutrition During Infancy: An Update[J]. Pediatric Clinics of North America, 42: 745–764.

RAMAKRISHNA B, ROEDIGER W, 1990. Bacterial short chain fatty acids: their role in gastrointestinal disease[J]. Digestive Diseases, 8 (6): 337–345.

RAMAKRISHNA B S. 2013. Role of the gut microbiota in human nutrition and metabolism[J]. Journal of Gastroenterology and Hepatology, 28: 9–17.

RAMMER P, GROTH–PEDERSEN L, KIRKEGAARD T, et al., 2010. BAMLET activates a lysosomal cell death program in cancer cells[J]. Molecular Cancer Therapeutics, 9(1): 24–32.

RANALDI G, FERRUZZA S, NATELLA F, et al., 2020. Enhancement of D–chiro–inositol transport across intestinal cells by alpha–Lactalbumin peptides[J]. European Review for Medical & Pharmacological Sciences, 24(19): 10143–10154.

RES PT, GROEN B, PENNINGS B, et al., 2012. Protein Ingestion before Sleep Improves Postexercise Overnight Recovery[J]. Med. Sci. Sports Exerc, 44(8): 1560–1569.

ROBERTSON R P, 1998. Dominance of cyclooxygenase–2 in the regulation of pancreatic islet prostaglandin synthesis[J]. Diabetes, 47(9): 1379–1383.

ROESCH L F, LORCA G L, CASELLA G, et al., 2009. Culture–independent identification of gut bacteria correlated with the onset of diabetes in a rat model[J]. The ISME journal, 3(5): 536–548.

ROJAS J, CHAVEZ M, OLIVAR L, et al., 2014. Polycystic ovary syndrome, insulin resistance, and obesity: navigating the pathophysiologic labyrinth[J]. International Journal of Reproductive Medicine, 1: 719050.

SADAT L, CAKIR–KIEFER C, NNEGUE M A, et al., 2011. Isolation and identification of antioxidative peptides from bovine α–lactalbumin[J]. International Dairy Journal, 21(4): 214–221.

SAITO T, 2008. Antihypertensive peptides derived from bovine casein and whey proteins[J]. Bioactive Components of Milk, 295–317.

SANCHEZ–GARRIDO M A, TENA–SEMPERE M, 2020. Metabolic dysfunction in polycystic ovary syndrome: Pathogenic role of androgen excess and potential therapeutic strategies[J]. Molecular Metabolism, 35: 100937.

SANDSTRöM O, LöNNERDAL B, GRAVERHOLT G, et al., 2008. Effects of α–lactalbumin–enriched formula containing different concentrations of glycomacropeptide on infant nutrition[J]. The American Journal of Clinical Nutrition, 87: 921–928.

SCHOEMAKER M H, KLEEMANNl R, MORRISON M C, et al., 2017. A casein hydrolysate based formulation attenuates obesity and associated non–alcoholic fatty liver disease and atherosclerosis in LDLr–/–. Leiden mice[J]. PloS One, 12(7): e0180648.

SCHWABE R F, SEKI E, BRENNER D A, 2006. Toll–like receptor signaling in the liver[J]. Gastroenterology, 130(6): 1886–1900.

SEDAGHATI M, EZZATPANAH H, BOOJAR M, et al., 2018. β–lactoglobulin and α–lactalbumin Hydrolysates as Sources of Antibacterial Peptides[J]. Journal of Agricultural Science and Technology, 16: 1587–1600.

SHI J, ZHAO Y, WANG Y, et al., 2014. Inflammatory caspases are innate immune receptors for intracellular LPS[J]. Nature, 514(7521): 187–192.

SPENCER W J, BINETTE A, WARD T L, et al., 2010. Alpha–lactalbumin in human milk alters the proteolytic degradation of soluble CD14 by forming a complex[J]. Pediatr. Res., 68(6): 490–493.

STARK P L, LEE A, 1982. The microbial ecology of the large bowel of breastfed and formula–fed infants during the first year of life[J]. Journal of medical microbiology, 15(2): 189–203.

STEINBERG L A, O' CONNELL N C, HATCH T F, et al., 1992. Tryptophan intake influences infants' sleep latency[J]. The Journal of Nutrition, 122(9): 1781-1791.

STRAIN G W, 1984. Diet and sleep patterns in newborn infants[J]. The New England Journal of Medicine, 310(14): 928-929.

STUDEN K B, PFEIFER M, 2018. Cardiometabolic risk in polycystic ovary syndrome[J]. Endocrine Connections, 7(7): R238-R251.

SVENSSON M, HAKANSSON A, MOSSBER A-K, et al., 2000. Conversion of α-lactalbumin to a protein inducing apoptosis[J]. Proceedings of the National Academy of Sciences, 97(8): 4221-4226.

SWANSON P A, KUMAR A, SAMARIN S, et al., 2011. Enteric commensal bacteria potentiate epithelial restitution via reactive oxygen species-mediated inactivation of focal adhesion kinase phosphatases[J]. Proceedings of the National Academy of Sciences, 108(21): 8803-8808.

SZABO G, 2015. Gut-liver axis in alcoholic liver disease[J]. Gastroenterology, 148(1): 30-36.

TAKAHASHI Y, SUGIMOTO K, INUI H, et al., 2015. Current pharmacological therapies for nonalcoholic fatty liver disease/nonalcoholic steatohepatitis[J]. World Journal of Gastroenterology: WJG, 21(13): 3777.

TAMBOLI C P, NEUT C, DESREUMAUX P, et al., 2004. Dysbiosis in Inflammatory Bowel Bisease[J]. Gut, 53(1): 1-4.

TAN Y, KIM J, CHENG J, et al., 2017. Green tea polyphenols ameliorate non-alcoholic fatty liver disease through upregulating AMPK activation in high fat fed Zucker fatty rats[J]. World Journal of Gastroenterology, 23(21): 3805.

TAO C, ZHANG Q, FENG N, et al., 2016.Development of a colloidal gold immunochromatographic strip assay for simple and fast detection of human alpha-lactalbumin in genetically modified cow milk[J]. Journal of Dairy Science, 99(3): 1773-1779.

TARHAN Ö, HARSA Ş, 2014. Nanotubular structures developed from whey-based α-lactalbumin fractions for food applications[J]. Biotechnology Progress, 30: 1301-1310.

TINGHÄLL NILSSON U, HERNELL O, LöNNERDAL B, et al., 2023. Low-Protein Formulas with Alpha-Lactalbumin-Enriched or Glycomacropeptide-Reduced Whey: Effects on Growth, Nutrient Intake and Protein Metabolism during Early Infancy: A Randomized, Double-Blinded Controlled Trial[J]. Nutrients, 15: 1010.

TIEGHEM E, VAN DAEL H, VAN CAUWELAERT F, 1991. Comparison of the Cu^{2+} binding to bovine, goat and human alpha-lactalbumin[J]. Biochem. Int., 23(1): 119-126.

TORRES P J, SIAKOWSKA M, BANASZEWSKA B, et al., 2018. Gut microbial diversity in women with polycystic ovary syndrome correlates with hyperandrogenism[J]. The Journal of Clinical Endocrinology & Metabolism, 103(4): 1502-1511.

TRABULSI J, CAPEDING R, LEBUMFACIL J, et al., 2011. Effect of an alpha-lactalbumin-enriched infant formula with lower protein on growth[J]. Eur. J. Clin. Nutr., 65(2): 167-174.

TREMELLEN K, PEARCE K, 2012. Dysbiosis of Gut Microbiota (DOGMA) -a novel theory for the development of Polycystic Ovarian Syndrome[J]. Medical Hypotheses, 79(1): 104-112.

TRØSEID M, 2017. Gut microbiota and acute coronary syndromes: ready for use in the emergency room[J]. European heart journal, 38(11): 825-827.

TSUDA H, SEKINE K, USHIDA Y, et al., 2000. Milk and dairy products in cancer prevention: focus on bovine lactoferrin[J]. Mutation Research/Reviews in Mutation Research, 462(2-3): 227-233.

TURNBAUGH P J, LEY R E, MAHOWALD M A, et al., 2006. An obesity-associated gut microbiome with increased capacity for energy harvest[J]. Nature, 444(7122): 1027-1031.

UDENIGWE C C, 2014. Bioinformatics approaches, prospects and challenges of food bioactive peptide research[J]. Trends in Food Science & Technology, 36(2): 137-143.

USAMI M, MIYOSHI M, YAMASHITA H, 2015. Gut microbiota and host metabolism in liver cirrhosis[J]. World Journal of Gastroenterology, 21(41): 11597.

USHIDA Y, SHIMOKAWA Y, MATSUMOTO H, et al., 2003. Effects of bovine α-lactalbumin on gastric defense mechanisms in naïve rats[J]. Bioscience, Biotechnology, and Biochemistry, 67(3): 577-583.

USHIDA Y, SHIMOKAWA Y, TOIDA T, et al., 2007. Bovine alpha-lactalbumin stimulates mucus metabolism in gastric mucosa[J]. Journal of Dairy Science 90(2): 541-546.

VAHED S Z, BARZEGARI A, ZULUAGA M, et al., 2018. Myocardial infarction and gut microbiota: an incidental connection[J]. Pharmacological Research, 129: 308-317.

WANG J, AALAEI K, SKIBSTED L H, et al., 2022. Calcium bioaccessibility increased during gastrointestinal digestion of α-lactalbumin and β-lactoglobulin[J]. Food Research International, 164: 10.

VRIEZE A, VAN NOOD E, HOLLEMANo F, et al., 2012. Transfer of intestinal microbiota from lean donors increases insulin sensitivity in individuals with metabolic syndrome[J]. Gastroenterology, 143(4): 913-916. e917.

WANG J, TANG H, ZHANG C, et al., 2015. Modulation of gut microbiota during probiotic-mediated attenuation of metabolic syndrome in high fat diet-fed mice[J]. The ISME Journal, 9(1): 1-15.

WANG W, CHEN J, MAO J, et al., 2018. Genistein ameliorates non-alcoholic fatty liver disease by targeting the thromboxane A2 pathway[J]. Journal of Agricultural and Food Chemistry, 66(23): 5853-5859.

WEAVER C M, GORDON C M, JANZ K F, et al., 2016. The National Osteoporosis Foundation's position statement on peak bone mass development and lifestyle factors: a systematic review and implementation recommendations[J]. Osteoporosis Int., 27(4): 1387-1387.

WU G, FANG Y Z, YANG S, et al., 2004. Glutathione metabolism and its implications for health[J]. The Journal of Nutrition, 134(3): 489-492.

WU G, 2013. Functional amino acids in nutrition and health[J]. Springer, 45: 407-411.

WU R, TANG S, WANG M, et al., 2016. MicroRNA-497 induces apoptosis and suppresses proliferation via the Bcl-2/Bax-caspase9-caspase3 pathway and cyclin D2 protein in HUVECs[J]. PloS One, 11(12): e0167052.

WU R, WANG Z, ZHAO W, et al., 2013. Multi-dimension microchip-capillary electrophoresis device for determination of functional proteins in infant milk formula [J]. Journal of Chromatography A, 1304: 220–226.

XIA S F, LE G W, WANG P, et al., 2016. Regressive effect of myricetin on hepatic steatosis in mice fed a high-fat diet[J]. Nutrients, 8(12): 799.

XU N, PAN L, YU C, et al., 2017. Goldmag-based enzyme-linked immunosorbent assay for determination of α-lactalbumin in milk[J]. Food and Agricultural Immunology, 28(6): 1211–1225.

XUE Y, LIU JN, SUN Z, et al., 2001. α - Lactalbumin mutant acting as lysozyme[J]. Proteins: Structure, Function, and Bioinformatics, 42(1): 17–22.

YAMAGUCHI M, TAKAI S, HOSONO A, et al., 2014. Bovine milk-derived α-lactalbumin inhibits colon inflammation and carcinogenesis in azoxymethane and dextran sodium sulfate-treated mice[J]. Bioscience, Biotechnology, and Biochemistry, 78(4): 672–679.

YAMAGUCHI M, UCHIDA M, 2007. α-Lactalbumin suppresses interleukin-6 release after intestinal ischemia/reperfusion via nitric oxide in rats[J]. Inflammopharmacology, 15(1): 43–47.

YAMAGUCHI M, YOSHIDA K, UCHIDA M, 2009. Novel functions of bovine milk-derived α-lactalbumin: Anti-nociceptive and anti-inflammatory activity caused by inhibiting cyclooxygenase-2 and phospholipase A2[J]. Biological and Pharmaceutical Bulletin, 32(3): 366–371.

YANG W, QU X, DENG C, et al., 2021. Heat sensitive protein-heat stable protein interaction: Synergistic enhancement in the thermal co-aggregation and gelation of lactoferrin and α-lactalbumin[J]. Food Research International, 142: 110179.

YAO K, ZENG L, HE Q, et al., 2017. Effect of probiotics on glucose and lipid metabolism in type 2 diabetes mellitus: a meta-analysis of 12 randomized controlled trials[J]. Medical Science Monitor: International Medical Journal of Experimental and Clinical Research, 23: 3044.

YI S, KIM S Y. 2021. Human breast milk composition and function in human health: From nutritional components to microbiome and microRNAs[J]. Nutrients, 13(9): 11.

YIN W, SONG L, HUANG Y, et al., 2022. Glycated α-lactalbumin based micelles for quercetin delivery: Physicochemical stability and fate of simulated digestion[J]. Food Chemistry: X, 13: 100257.

YOUNG S N, 1996. Behavioral effects of dietary neurotransmitter precursors: Basic and clinical aspects[J]. Neuroscience & Biobehavioral Reviews, 20: 313–323.

YOUNOSSI Z M, KOENIG A B, ABDELATIF D, et al., 2016. Global epidemiology of nonalcoholic fatty liver disease—meta - analytic assessment of prevalence, incidence, and outcomes[J]. Hepatology, 64(1): 73–84.

ZENG M Y, CISALPINO D, VARADARAJAN S, et al., 2016. Gut microbiota-induced immunoglobulin G controls systemic infection by symbiotic bacteria and pathogens[J]. Immunity, 44(3): 647–658.

ZHANG J, ZHAO A, LAI S, et al., 2021. Longitudinal changes in the concentration of major human milk proteins in the first six months of lactation and their effects on infant growth[J]. Nutrients, 13(5): 1476–1476.

ZHANG M, SUN W, ZHOU M, et al., 2017. MicroRNA-27a regulates hepatic lipid metabolism and alleviates NAFLD via repressing FAS and SCD1[J]. Scientific Reports, 7(1): 14493.

ZHANG M, YANG JR F, YANG F, et al., 2009. Cytotoxic aggregates of α -lactalbumin induced by unsaturated fatty acid induce apoptosis in tumor cells[J]. Chemico-Biological Interactions, 180 (2): 131-142.

ZHANG S, 2002. Emerging biological materials through molecular self-assembly[J]. Biotechnology Advances, 20: 321-339.

ZHANG W, XIANG L, LUO P, et al., 2022. Bovine-derived α -lactalbumin exhibits cardiovascular protection against aging by ameliorating the inflammatory process in mice[J]. International Immunopharmacology, 113: 109291.

ZHANG Z, BAI L, GUAN M, et al., 2021. Potential probiotics Lactobacillus casei K11 combined with plant extracts reduce markers of type 2 diabetes mellitus in mice[J]. Journal of Applied Microbiology, 131 (4): 1970-1982.

ŽIVKOV BALOŠ M, LJUBOJEVIĆ PELIĆ D, JAKŠIĆ S, et al., 2023. Donkey Milk: An overview of its chemical composition and main nutritional properties or human health benefit properties[J]. Journal of Equine Veterinary Science, 121 (0): 104225.